"十四五"职业教育国家规划教材

中等职业教育专业技能课教材

中等职业教育中餐烹饪专业系列教材

烹饪艺术与冷拼制作

PENGREN YISHU YU LENGPIN ZHIZUO（第2版）

主　编　赵福振

副主编　姜　定　王国宁

参　编　周炜彬　牛京刚　熊曙明

重庆大学出版社

内容提要

本书是中等职业学校烹饪专业主干课程用书。全书共设4个模块，依次为烹饪艺术基础知识、果蔬雕刻与盘饰运用、冷菜制作、冷菜拼摆基础类型。本书内容全面而不失简练，涉及广泛但不失重点，具有很强的实用性和可操作性，符合中等职业教育的需要。

本书适合中等职业学校烹饪专业作为教材使用，也可作为旅游管理、饭店管理、餐旅服务等专业的培训教材使用。

图书在版编目（CIP）数据

烹饪艺术与冷拼制作 / 赵福振主编. -- 2版. -- 重庆：重庆大学出版社，2021.11 (2025.1重印)
中等职业教育中餐烹饪专业系列教材
ISBN 978-7-5689-0639-5

Ⅰ.①烹… Ⅱ.①赵… Ⅲ.①烹饪—中等专业学校—教材 ②凉菜—制作—中等专业学校—教材 Ⅳ.①TS972.1

中国版本图书馆CIP数据核字（2021）第263917号

中等职业教育专业技能课教材
中等职业教育中餐烹饪专业系列教材

烹饪艺术与冷拼制作
（第2版）

主　编　赵福振
副主编　姜　定　王国宁
策划编辑：龙沛瑶
责任编辑：杨　敬　　版式设计：龙沛瑶
责任校对：王　倩　　责任印制：张　策

*

重庆大学出版社出版发行
出版人：陈晓阳
社址：重庆市沙坪坝区大学城西路21号
邮编：401331
电话：（023）88617190　88617185（中小学）
传真：（023）88617186　88617166
网址：http://www.cqup.com.cn
邮箱：fxk@cqup.com.cn（营销中心）
全国新华书店经销
重庆长虹印务有限公司印刷

*

开本：787mm×1092mm　1/16　印张：9.5　字数：238千
2017年8月第1版　2021年11月第2版　2025年1月第4次印刷
印数：8 001—9 000
ISBN 978-7-5689-0639-5　定价：39.00元

中等职业教育中餐烹饪专业系列教材
主要编写学校

北京市劲松职业高级中学

北京市外事学校

上海市商贸旅游学校

上海市第二轻工业学校

广州市旅游商务职业学校

江苏旅游职业学院

扬州大学旅游烹饪学院

河北师范大学旅游学院

青岛烹饪职业学校

海南省商业学校

宁波市古林职业高级中学

云南省通海县职业高级中学

安徽省徽州学校

重庆市旅游学校

重庆商务职业学院

出版说明

　　2012 年 3 月 19 日教育部职业教育与成人教育司印发《关于开展中等职业教育专业技能课教材选题立项工作的通知》（教职成司函〔2012〕35 号），我社高度重视，根据通知精神认真组织申报，与全国 40 余家职教教材出版基地和有关行业出版社积极竞争。同年 6 月 18 日教育部职业教育与成人教育司致函（教职成司函〔2012〕95 号）重庆大学出版社，批准重庆大学出版社立项建设中餐烹饪专业中等职业教育专业技能课教材。这一选题获批立项后，作为国家一级出版社和教育部职教教材出版基地的重庆大学出版社珍惜机会，统筹协调，主动对接全国餐饮职业教育教学指导委员会（以下简称"全国餐饮行指委"），在编写学校邀请、主编遴选、编写创新等环节认真策划，投入大量精力，扎实有序推进各项工作。

　　在全国餐饮行指委的大力支持和指导下，我社面向全国邀请了中等职业学校中餐烹饪专业教学标准起草专家、餐饮行指委委员和委员所在学校的烹饪专家学者、一线骨干教师，以及餐饮企业专业人士，于 2013 年 12 月在重庆召开了"中等职业教育中餐烹饪专业立项教材编写会议"，来自全国 15 所学校 30 多名校领导、餐饮行指委委员、专业主任和一线骨干教师参加了会议。会议依据《中等职业学校中餐烹饪专业教学标准》，商讨确定了 25 种立项教材的书名、主编人选、编写体例、样章、编写要求，以及配套电子教学资源制作等一系列事宜，启动了书稿的撰写工作。

　　2014 年 4 月为解决立项教材各书编写内容交叉重复、编写体例不规范统一、编写理念偏差等问题，以及为保证本套立项教材的编写质量，我社在北京组织召开了"中等职业教育中餐烹饪专业立项教材审定会议"。会议邀请了时任全国餐饮行指委秘书长桑建先生、扬州大学旅游烹饪学院路新国教授、北京联合大学旅游学院副院长王美萍教授和北京外事学校高级教师邓柏庚组成审稿专家组，对各本教材编写大纲和初稿进行了认真审定，对内容交叉重复的教材在编写内容划分、表述侧重点等方面作了明确界定，要求各门课程教材的知识内容及教学课时要依据全国餐饮行指委研制、教育部审定的《中等职业学校中餐烹饪专业教学标准》严格执行，配套各本教材的电子教学资源坚持原创、尽量丰富，以便学校师生使用。

本套立项教材的书稿按出版计划陆续交到出版社后，我社随即安排精干力量对书稿的编辑加工、三审三校、排版印制等环节严格把关，精心安排，以保证教材的出版质量。此套立项教材第 1 版于 2015 年 5 月陆续出版发行，受到了全国广大职业院校师生的广泛欢迎及积极选用，产生了较好的社会影响。

在此套立项教材大部分使用 4 年多的基础上，为适应新时代要求，紧跟烹饪行业发展趋势和人才需求，及时将产业发展的新技术、新工艺、新规范纳入教材内容，经出版社认真研究于 2020 年 3 月整体启动了此套教材的第 2 版全新修订工作。第 2 版修订结合学校教材使用反馈情况，在立德树人、课程思政、中职教育类型特点，以及教材的校企"双元"合作开发、新形态立体化、新型活页式、工作手册式、1+X 书证融通等方面做出积极探索实践，并始终坚持质量第一，内容原创优先，不断增强教材的适应性和先进性。

在本套教材的策划组织、立项申请、编写协调、修订再版等过程中，得到教育部职成司的信任、全国餐饮职业教育教学指导委员会的指导，还得到众多餐饮烹饪专家、各参编学校领导和老师们的大力支持，在此一并表示衷心感谢！我们相信此套立项教材的全新修订再版会继续得到全国中职学校烹饪专业师生的广泛欢迎，也诚恳希望各位读者多提改进意见，以便我们在今后继续修订完善。

重庆大学出版社

2021 年 7 月

前言

（第2版）

职业教育是我国教育体系的重要组成部分，是实现经济社会又好又快发展的重要基础。为了进一步促进社会主义和谐社会建设，适应全面建成小康社会对高素质劳动者和技能型人才的迫切要求，党和国家把发展职业教育作为经济社会发展的重要基础和教育工作的战略重点。随着社会经济的不断发展，社会又对职业教育的发展提出了更新、更高的要求。

为了更好地适应全国职业院校烹饪类专业的教学要求，深化职业教育改革和发展，全面推进素质教育，提高教育教学质量，重庆大学出版社组织相关职业教育研究人员、一线教师和行业专家，编写了这套适合职业院校烹饪类专业使用的规划教材。

编者根据党的二十大精神，在本书的再次修订过程中，把关于中国共产党的中心任务、生态环境保护、中国式现代化、百年奋斗目标、文化自信等思想与教材内容紧密结合，体现在"相关知识准备""练习与思考"等内容中。坚持为党育人、为国育才，着力造就拔尖创新人才的理念。瞄准产业升级和技术革新，突出技能，以多样的形式让学生感兴趣，学得懂。

本书的总体设计思路以就业为导向、以服务餐饮行业为宗旨、以中餐相对应岗位职业能力为依据，参照中式烹调师职业资格的相关知识技能要求，紧跟全国职业院校技能大赛规程，在典型实例中融入烹饪岗位所需的基础知识和基本技能。本书以讲授、演示、模拟、实践一体化为基本学习模式，以任务引领、行动导向、过程体验为主要教学方法，倡导在做中学、学中做，提高学生自主学习的能力，启发思路、举一反三，培养学生的创新能力，以适应本行业动态发展的需要。本书力求在真实的厨房背景中完成课程内容的学习，培养学生规范的岗位技能和良好的职业道德，尽可能地实现与岗位的零距离接轨。本书由浅入深地分为4个模块，共计36个学时。

本书采用项目化教学设计，项目的确定以中餐烹饪实际工作任务为引领，以盘饰和冷菜岗位应具备的职业能力和职业素养为依据，以盘饰和冷菜技术难度为线索，按照工艺类型，由简单到复杂地编写；同时，将原料知识插入各个章节，随机安排，供学生学习。本书由赵福振担任主编，姜定、王国宁担任副主编，周炜彬、牛京刚、熊曙明参编。全书共设4个模块，项目1烹饪艺术基础知识由海南经贸职业技术学院赵福振编写，项目2果蔬雕刻与盘饰运用由海南经贸职业技术学院赵福振、海南省商业学校姜定编写，项目3冷菜制作由海南省海口技师学院王国宁编写，项目4冷菜拼摆基础类型由宁波古林职业高中周炜彬、北京劲松职业高级中学牛京刚、长沙财经学校熊曙明编写，由赵福振统稿。除烹饪艺术基础知识外，每个项目均选出典型任务，围绕完成工作任务的需要，考虑到学生对理论知识的掌握和应用的实际情况，把中式烹调师职业资格证书对知识、技能和情感价值的要求融入各任务。除基础知识外，每个项目的学习都以具体品种作为活动的载体、以具体工作任务的完成为中心，整合相关理论与实践，对任务过程进行分解，突出重点、难点，尤其是关键点，实现深层次的教、做、学一体化。在任务内容设计中，按学生的认知特点，递进式地安排典型任务。全书采用循序渐进的教学方法，通过示范教学、模仿教学、分步骤传授和实习操作、工作总结、小组讨论等多种形式组织教学，完善实际操作过程训练，并贯穿情感、态度、价值观目标的实现，以期更为有效地培养学生基本的职业能力。

本次修订，补充了项目4冷菜拼摆基础类型的内容，增加了当前流行的立方体拼摆内容，使本书的艺术性得以提高。此外，为书中重点任务增加了二维码，学生扫描后可观看任务的技能操作视频，这种采用视频的方式形象、直观地呈现了教学内容，使纸质教材和数字化教学资源有机融合，同时支持线上线下混合式学习。由于课程改革是一项复杂的系统工程，因此，书中尚有很多不足之处，恳请广大读者提出宝贵意见。

本书在编写出版过程中得到了众多同人的鼎力支持，在此我们表示诚挚的谢意。

编　者

2022 年 11 月

前 言

（第 1 版）

职业教育是我国教育体系的重要组成部分，是实现经济社会又好又快发展的重要基础。为了进一步促进社会主义和谐社会建设，适应全面建成小康社会对高素质劳动者和技能型人才的迫切要求，党和国家把发展职业教育作为经济社会发展的重要基础和教育工作的战略重点。随着社会经济的不断发展，社会又对职业教育的发展提出了更新、更高的要求。

为了更好地适应全国中等职业技术学校中餐烹饪与营养膳食专业的教学要求，深化中等职业教育改革和发展，全面推进素质教育，提高教育教学质量，重庆大学出版社组织相关职业教育研究人员、一线教师和行业专家，编写了这套适合中餐烹饪与营养膳食专业使用的规划教材。

本书的总体设计思路以就业为导向、以服务餐饮行业为宗旨、以中餐相对应岗位职业能力为依据，参照中式烹调师职业资格相关知识技能要求，紧跟全国职业院校技能大赛规程，在典型实例中融入中餐烹饪岗位所需要的基础知识和基本技能。本书以讲授、演示、模拟、实践一体化为基本学习模式，以任务引领、行动导向、过程体验为主要教学方法，倡导在做中学、学中做，提高学生自主学习的能力，启发思路、举一反三，培养学生的创新能力，以适应本行业动态发展的需要。本书力求在真实的厨房背景中完成课程内容的学习，培养学生规范的岗位技能和良好的职业道德，尽可能地实现与岗位的零距离接轨。课程由浅入深地分为 4 个模块，共计36 个学时。

本书采用项目化教学设计，项目的确定以中餐烹饪实际工作任务为引领，以盘饰和冷菜岗位应具备的职业能力和职业素养为依据，以盘饰和冷菜技术难度为线索，按照工艺类型，由简单到复杂地编写。全书共设 4 个模块，依次为烹饪艺术基础知识、果蔬雕刻与盘饰运用、冷菜制作、冷菜拼摆基础类型。除烹饪艺术基础知识外，每个项目选出典型任务，围绕完成工作任务的需要，考虑到学生对理论知识的掌握和应用的实际情况，把中式烹调师职业资格证书对知识、技能和情感价值的要求融入各任务。

除基础知识外，每个项目的学习都以具体品种作为活动的载体、以具体工作任务的完成为中心，整合相关理论与实践，对任务过程进行分解，突出重点、难点，尤其是关键点，实现深层次的教、做、学一体化。在任务内容设计中，按学生的认知特点，递进式地安排典型任务。全书采用循序渐进的教学方法，通过示范教学、模仿教学、分步骤传授和实习操作、工作总结、小组讨论等多种形式组织教学，完善实际操作过程训练，并贯穿情感、态度、价值观目标的实现，以期更加有效地培养学生基本的职业能力。

本书的完成，得益于大量相关著作的出版。由于课程改革是一项复杂的系统工程，书中尚有很多不足之处，恳请广大读者提出宝贵意见，便于我们今后再版时能进一步完善。

本书在编写出版过程中得到了众多同人的鼎力支持，在此我们表示诚挚的谢意。

编　者

2017 年 6 月

目 录

contents

目录

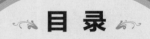

contents

项目 1

烹饪艺术基础知识

随着人们生活水平的不断提高，人们对各种食物的食用与审美要求也不断提升，由此对烹饪艺术的色彩美和形态美都提出了新的要求，使烹饪艺术的色彩和形态运用显得更为重要。

[教学目标]

【知识教学目标】

了解烹饪艺术。

【能力培养目标】

1. 掌握岗位的开档和收档技能。

2. 理解并掌握基本盘饰的基础技能。

【职业情感目标】

1. 具有安全意识、卫生意识，树立敬业爱岗的职业意识。

2. 在工作过程中，体验劳动、热爱劳动。

 任务 1　认识烹饪艺术

[任务布置]

理解烹饪艺术的色彩美和形态美。

[任务实施]

中国烹饪历史悠久、源远流长。千百年来，中国人民创造了丰富多彩的中华美食，彰显了中国烹饪的艺术魅力。中国烹饪艺术是在烹饪历史发展过程中逐渐形成、发展的；同时，随着物质生产的发展和社会生活的进步，烹饪越来越具有审美性质，直至发展成为实用与审美并重、使用各种花色造型菜点、丰盛华丽的筵席艺术。中国烹饪注重色、香、味、形、器等要素，而这些要素也向世人展示了中国烹饪特有的艺术美感。本书仅探讨在烹饪艺术中色彩和形态的运用。

中国烹饪是一门科学，也是一门美学艺术，而它的艺术性是通过科学的烹饪方法、系统的组合手段表现出来的。在长期的发展中，中国烹饪形成了一套完善的审美机制，体现了富有美学思想的中国烹饪特色。随着社会的发展、物质水平的提高、消费方式与饮食结构的变化，人们在生活中对各种食品的食用与审美要求在不断提升，对烹饪艺术的色彩和形态也提出了新的要求。

🌹 1.1.1　烹饪艺术的色彩美

好看的颜色可以增进人对菜肴的视觉欣赏兴趣，让人在品尝美食之前就有视觉上的享受，因此颜色对烹饪艺术美感的发现与享受是很重要的一部分。例如，白色给人以洁净、

软嫩的感觉；另外，白色还给人以清淡之感，如在夏天人们一般喜欢吃白色和浅色的菜肴，就是因为白色和浅色的菜肴给人感觉相对要清淡些。红色给人以强烈、鲜明、浓厚的感觉。黄色给人以软嫩、松脆、干香、清新的感觉。绿色给人以清新、鲜嫩、淡雅、明快的感觉。除了白色和绿色外，红色和黄色属于暖色，暖色更容易引起人的食欲，更能调动人的味觉的兴奋感。

🌹 1.1.2　烹饪艺术的形态美

　　烹饪之形是烹饪原料本身和菜点制作完成以后所呈现的外观形态或造型。原料的形态主要是刀功处理后的结果，如条、丁、丝、片、块、粒、蓉、段和各种不同的花刀等效果。刀功处理主要是为了烹调的要求，但与此同时也形成了不同的原料形态，这对美化菜肴也能起到一定作用。如原料加工后显得整齐划一、粗细相等、厚薄均匀、长短一致等，在形成菜肴后就能有一种外形上整齐、清爽的观感。又如经各种花刀处理后的原料在烹调受热后，能形成多种花形，增添菜肴的形式美。烹饪之形还体现在原料自身形态加工成立体形态和艺术象形菜点上。艺术象形菜点通常也称为工艺菜点，大致采用仿真式与夸张式两种造型手法。在工艺热菜制作中，大多数菜肴采用后者；在冷菜拼摆、食品雕刻中，常常二者皆用。仿真式造型菜肴要求成菜和自然界中的真实形体一样，惟妙惟肖、栩栩如生；采用夸张式手法构思菜肴时，其比例虽可与自然物不同，但要求夸张得体、美观大方、招人喜爱。

[练习与思考]

一、课堂练习

判断题。

1. 绿色给人清新、鲜嫩、淡雅、明快的感觉。　　　　　　（　　）

2. 原料的形态主要是刀功处理后的结果。　　　　　　　　（　　）

二、课后思考

烹饪艺术有何作用？

🧑‍🍳 任务 2　果雕盘饰与冷菜制作基础工作

[任务布置]

　　了解食品雕刻安全生产规程，掌握果蔬雕刻、冷菜制作岗位的开档和收档技能。

[任务实施]

🌹 1.2.1　果雕盘饰开、收档工作

1）工作前准备（开档）

　　①检查电器、设备：进入工作间，开启照明设备，通电检查各项设备是否运转正常；若

出现故障，应及时自行排除或报修。

②检查上下水：检查上下水是否有跑、漏、滴、堵现象。

③检查用具：检查刀具、菜墩、盘具，以及各种不锈钢、塑料盛器的完好情况；所有用具、工具必须符合卫生标准（图1.1）。

图1.1　检查用具之工具准备

④整理卫生：餐具及各种工具干净，无油腻、污渍，保证清洁；抹布干爽、洁净，无油渍、污物，无异味；刀具、菜墩等工具用酒精消毒，工作台保持清洁。

2）结束工作（收档）

①将制作好的盘饰交由打荷厨师备用。

②整理并清点雕刻刀具，清洗后用干抹布擦干，收入专用刀具箱内后存放于柜中。

③清洁工作台面，将各种盛料盆、菜板等工具用洗洁精溶液洗涤后再用清水冲洗干净，用干抹布擦干水，放回工具箱内或放至固定位置存放。

④将剩余原料分类整理，存入货柜或冰箱保管（图1.2）。

图1.2　余料保管

⑤清除水池内污物杂质，先用浸过洗涤剂的抹布内外擦拭一遍，再冲洗干净并用干抹布擦干。

⑥先用笤帚将地面垃圾清扫干净，然后用浸过洗涤剂溶液的拖把将地拖干净，再用拧干水的拖把拖干地面，最后把打扫卫生使用过的工具清洗干净，放回固定位置晾干。

⑦将垃圾桶内盛装废弃物的塑料袋封口后，取出送垃圾存放处，然后将垃圾桶及桶盖冲洗干净，用专用抹布擦干净后内外喷洒消毒液。

⑧关好水、电，检查各类设备并确保安全无误后，工作人员关窗锁门，离开工作间。

1.2.2　冷菜开、收档工作

1）工作前准备（开档）

①检查炉灶、电器：进入厨房，观察有无漏气情况，开启煤气总开关（图1.3），开启照

　烹饪艺术与冷拼制作

明设备（图1.4），通气、通电，检查炉灶、油烟排风设备运转是否正常，查看冰箱温度，检查厨房其他各种电器的设备运转情况。若出现故障，应及时自行排除或报修。

图1.3 开启煤气总开关

图1.4 开启照明设备

②检查上下水：检查上下水是否有跑、漏、滴、堵现象。

③检查用具：所有用具、工具、调料齐全，符合卫生要求（图1.5）。

图1.5 检查用具之备齐调料

④整理卫生：各种用具、工具干净，无油腻、污渍；炉灶清洁、卫生，无异味（图1.6）；抹布干爽、洁净，无油渍、污物，无异味。

图1.6 炉灶清洁、卫生

2）结束工作（收档）

①清洁，收拾工作台上的工具、调料（图1.7）。

图1.7 清洁，收拾工具、调料

②清洁工作台面。

③收拾、冷藏剩余原料（图1.8、图1.9）。

图 1.8　收拾剩余原料　　　　　图 1.9　冷藏剩余原料

④清洁地面。

⑤清洁灶具（图 1.10）。

图 1.10　清洁灶具

⑥整理货架（图 1.11）。

图 1.11　整理货架

⑦关闭燃气灶具（图 1.12）。

图 1.12　关闭燃气灶具

⑧关闭燃气总开关（图 1.13）。

图 1.13　关闭燃气总开关

⑨关闭排风设备（图 1.14）。

图 1.14 关闭排风设备

⑩关闭总电源（图 1.15）。

图 1.15 关闭总电源

[练习与思考]

一、课堂练习

判断题。

1. 关好水、电开关，检查各类设备，确保安全无误后，工作人员可关窗锁门，离开工作间。　　　　　　　　　　　　　　　（　　）

2. 所有用具、工具、调料齐全，符合卫生要求。　　　　（　　）

二、课后思考

简述冷菜间收档程序。

项目 2

果蔬雕刻与盘饰运用

食品雕刻与盘饰是中餐烹饪艺术的重要组成部分，也是其中的一个亮点。中餐烹饪历来色、香、味、形并重，菜品色泽和造型的视觉艺术处于十分重要的位置。它建立在烹饪工艺美术基础之上，服务于中餐冷拼、中餐冷菜、中餐热菜等。

[教学目标]

【知识教学目标】

1. 了解食品雕刻的基本方法和技能。
2. 了解常用食品雕刻原料的特性。
3. 了解食品雕刻的造型特征及作品的应用范围。

【能力培养目标】

1. 掌握雕刻岗位制作间的开档和收档技能。
2. 理解并掌握制作基本盘饰的基础技能。
3. 初步学会直刀手法、执笔手法、旋刀法等各种刀法。
4. 掌握各种刀具的基本使用方法。
5. 能运用基本手法和技法完成各类基础雕刻作品的制作。
6. 积累原料、工具及成品保管经验。
7. 掌握雕刻的选料方法、选料要求。
8. 会选用合适的工具对原料进行加工制作。

【职业情感目标】

1. 具有安全意识、卫生意识，树立敬业爱岗的职业意识。
2. 学会介绍雕刻作品的特点，语言表达准确、语态轻松。
3. 在食品雕刻的过程中，体验劳动、热爱劳动。

任务1　月季花盘饰

月季花盘饰

[任务布置]

了解食品雕刻设备、工具的使用方法及月季花的雕刻和盘饰工艺流程、安全生产规则，学习雕刻岗位的开档和收档技能。了解和初步掌握雕刻花卉类品种的横刀手法及旋刀法等技能，独立完成月季花成品雕刻及盘饰工艺流程。

[任务实施]

2.1.1　相关知识准备

1）月季花的特点及寓意

月季，别名长春花、月月红等，被誉为"花中皇后"。月季花原产北半球，中国是其原产地之一，已有上千年的栽培历史。月季花属蔷薇科，常绿小灌木或藤本植物。茎为棕色偏绿，多数有钩刺。奇数羽状复叶互生，叶片较大、较厚且表面有光泽。花生于枝顶，花蕾多为卵圆形，花形丰富，多为重瓣，也有单瓣者。花朵常簇生，单生的少，萼片尾状长尖，边缘有羽状裂片，生长季节连续开花，5—6月及9—10月为盛花期。月季种类主要有小月季、变色月季、藤蔓月季、大花月季、丰花月季、微型月季、树状月季、地被月季等。月季花色很多，色泽各异，有粉、黄、橙、白、绿及复色等。现代月季血缘关系极为复杂，经多次杂交、长期选育而成的月季品种有上万种之多。月季也是北京、天津等市的市花。

月季花语：真诚和情意。白色月季寓意尊敬和崇高；红色月季寓意纯洁的爱、热恋或热情可嘉等；粉色月季寓意初恋；蓝紫色月季寓意珍贵、珍惜；橙黄色月季寓意富有青春气息、美丽。（图2.1—图2.3）

图2.1　月季花1　　　　图2.2　月季花2　　　　图2.3　月季花3

2）雕刻造型的特点及运用

食品雕刻品种繁多，其在烹饪中的应用广泛，无论是在一般的社交宴请还是在高级别的筵宴中，无论是冷菜还是热菜，只要运用恰当，都能使人在饱享口福的同时，又对烹饪艺术留下深刻印象。例如，月季花盘饰（图2.4）。

图2.4　月季花盘饰

食品雕刻作品在宴席及菜品中主要起着装饰和点缀作用，还可以弥补某些菜品在造型等方面的缺点。食雕装饰或点缀应尽可能地在内容、风味或意义上与整个菜肴有所联系，以反映整个菜肴的完整性和一致性。大型雕刻作品，置于主席和其他席面上，不仅可以烘托宴会隆重、热烈的气氛，还可以使整个宴会获得一种特殊的意趣，令人赏心悦目、兴致倍增。食品雕刻作品在使用时都应以原料本色为主，尽量避免使用人工色素。

在食品雕刻中，多将月季分为三瓣月季和五瓣月季。月季花雕刻成品色彩艳丽，花形自然饱满，花瓣圆润，呈半圆形、厚薄均匀、光滑平整、形态规整，边缘稍薄、根部稍厚、层次清晰。

单个月季花作品可直接点缀菜肴，将其置于圆形餐盘中央，构成对称图案的中心（此种用法一般适用于汤汁较少的菜肴）；也可将其置于餐盘一侧，自然构图，给人以整齐、协调的感觉。

月季花作品还可以组合制作成宴会花篮，作为其他组合雕刻作品的点缀成分。

2.1.2　工作过程

1）制作准备

（1）原料名称与用量

心里美萝卜（也可选用胡萝卜、青萝卜、白萝卜、南瓜等）1个。

（2）相关原料知识

心里美萝卜属根菜类，十字花科，1～2年生草本植物，肉色紫红。其表皮上部为淡绿色，下部白色，横切面带放射状紫红色纹路，肉脆，味甜多汁，为水果型萝卜。10月中下旬收获可储藏到第二年4月，是食品雕刻花、鸟等造型的常用原料，主产于北京、天津、河北、山东、山西等地（图2.5）。

图2.5　心里美萝卜

（3）工具种类

菜刀1把、砧板1块、主刻刀1把、餐盘1个、水盆1个、消毒毛巾1条、餐巾纸1包。

（4）操作技法

多采用旋刀法。旋刀法是用主刻刀在圆柱形原料的侧面，并与原料轴心呈一定角度进行旋削的刀法。旋刀法主要用于花卉的刻制，能使作品圆润、光洁、规则。它分内旋和外旋两种方法：外旋法适合由外层向里层刻制的花卉，如月季和玫瑰；内旋法适合由内层向外层刻制的花卉，或两种刀法交替使用的花卉，如马蹄莲和牡丹等（图2.6）。

图2.6　旋刀法

技法要点：

①刻刀刀口锋利、平整。

②拇指、食指、中指捏稳刀身，发力准确。

③无名指支撑点要稳，利于掌握用刀力度，易于控制行刀角度。

④进刀及收刀点定、准。

⑤运刀准确，干净利落。

2）制作过程

（1）原料准备

①选一根直径约 8 cm 的符合月季花雕刻要求的优质心里美萝卜（图 2.7）。

技术要点：萝卜外形光洁圆润，无开裂、无须根，有质感。

②按照雕刻要求切开后，再次判断原料是否符合工艺要求。

技术要点：萝卜水分足、不糠心，内部颜色鲜艳、光泽度好（图 2.8）。

图 2.7 月季花原料 1　　　　　　　　　图 2.8 月季花原料 2

（2）主题内容雕刻

①从萝卜的头部切一块高约 5 cm 的原料，将萝卜顶部修成碗状。在坯料的碗形侧面均匀地削出 5 个大小相同的弧面，在每个弧面上刻出月季花瓣的形状（图 2.9）。

技术要点：在打初坯时要将原料均匀地分成 5 份，否则不能保证 5 个花瓣的形状接近；底部靠近花蒂的部分要小一些，均分出的 5 个面要有一定的弧度，这样刻出的花才有自然美感。

②从花瓣形弧面的顶部进刀，削出半圆形的花瓣，底部留约 1 mm 不能削断；然后按照同样的方法依次按顺时针方向雕刻出第一层的 5 个花瓣（图 2.10）。

技术要点：注意进刀略薄，削到下面时略厚，也就是花瓣上薄下厚，使花的造型更自然。

 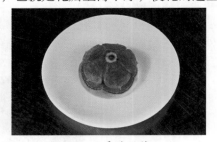

图 2.9 将坯料分为 5 份　　　　　　　图 2.10 月季花瓣第一层

③在第一层两个花瓣交叉的位置，从第一个花瓣 1/3 处的侧面进刀旋削到第二个花瓣的中间刻出一个弧面，将弧面削成月季花瓣的形状；再从侧面按照上薄下厚的雕刻方法旋削出第二层第一个花瓣（图 2.11）。

技术要点：找准进刀位置，注意运刀力量变化及角度调整。

④从第二层第一个花瓣中间位置下刀，旋出第二个花瓣的弧面，再从侧面按照上薄下厚的雕刻方法削出第二个花瓣；依次用同样的方法雕刻出第二至第四层的花瓣（图 2.12）。

技术要点：每次削去废料时，刀尖要进到坯料的底部，才能保证废料一次性去除干净；运刀刻花瓣时刀柄部要渐往外斜，这样刻出的花瓣才能弧度饱满，呈含苞待放的自然美感。

图 2.11　月季花瓣第二层　　　　　　　图 2.12　月季花瓣第三层

⑤用刀尖沿第四层最后一个花瓣的中间位置垂直下刀，旋刻出第一个含苞状内层花瓣，然后依次沿新刻花瓣的同样位置下刀，旋刻出所有含苞状内层花瓣（图 2.13）。

技术要点：花瓣要先刻成竖瓣，刻刀要竖起来，再慢慢向内收口，每层花瓣要相互交错。

⑥整理好花的形态，放入水中浸泡一分钟后取出，月季花作品吸水后更加饱满、艳丽（图 2.14）。

技术要点：泡水整形，使外层花瓣的边缘向外翻。

图 2.13　月季花内层花瓣　　　　　　　图 2.14　月季花成品

（3）组合装盘

①用白萝卜刻好石头。

技术要点：石头的线条简洁明快。

②将月季花与石头、绿叶的组合造型置于餐盘中央（图 2.15、图 2.16）。

技术要点：竹签、胶水不能外露。

图 2.15　月季花组装　　　　　　　　　图 2.16　月季花盘饰

（4）盘饰整理

对盘中摆放的原料进行细微调整和修饰，使作品更加精细美观。对盘面进行清洁，保证盘内卫生，无污点、油渍。

2.1.3 总结评价

1）工作过程评价

任务名称	月季花盘饰	工作评价	
工作过程	**准备阶段**	处理完好	处理不当
	工作服穿戴整齐		
	检查安全及卫生状况，做好消毒工作，准备用具		
	领料，核验原料数量和质量，填写单据		
	根据雕刻要求备齐刀具		
	雕刻制作阶段	处理完好	处理不当
	雕刻制作与烹饪相关工作岗位要求的结合与运用		
	按照雕刻的制作步骤和拼摆方法、操作要领完成雕刻成品的制作		
	整理阶段	处理完好	处理不当
	能够对剩余原料进行妥善处理和保管		
	清理工作区域，清洁工具		
	关闭水、电、气、门、窗		

2）任务成果评价

项 目（评分要素）	评价标准	配 分	得 分
选料	雕刻原料的选择和加工制作符合雕刻成品对质地、形状、色泽的要求，原料利用率高	10	10
	各种用料的选择和加工制作基本符合雕刻成品对形状、色泽的要求，原料利用率不高		7
技法运用	熟练掌握旋刀法，行刀精准，刀口平整，边角料处理得当	30	30
	基本掌握旋刀法，行刀基本精准，刀口基本平整，边角料处理比较得当		20
	旋刀法掌握不到位，行刀不够精准，刀口不平整，边角料处理不得当		15
成形	形态逼真，成形很好，雕刻作品成形符合规格要求	40	40
	成形较好，原料雕刻面较匀称，雕刻成形基本符合规格要求		30
	原料雕刻面不精细、不匀称，粗糙		20
装盘组配	各种用料色泽搭配合理，色彩丰满，原料组配合理，盘具洁净	20	20
	各种用料色泽搭配基本合理，色彩较鲜艳		15
	各种用料色泽搭配不合理，色彩暗淡不清爽，盘面不洁净、有污点		10

一、课堂练习

（一）选择题。

雕刻月季花主要使用了（　　）法。

A. 戳刀　　　　　　　B. 削　　　　　　　C. 铲　　　　　　　D. 旋刀

（二）判断题。

1. 海南也是心里美萝卜的主产地之一。　　　　　　　　　　（　　）

2. 雕刻月季花只能选心里美萝卜。　　　　　　　　　　　　（　　）

3. 雕刻月季花应做到花瓣下薄上厚。　　　　　　　　　　　（　　）

4. 执笔手法是雕刻学习者应重点掌握的基本技法。　　　　　（　　）

二、课后思考

雕刻月季花的关键点有哪些？

三、实践活动

以小组为单位，各自制作一款月季花盘饰并互相讨论、评价。

任务 2　菊花盘饰

菊花盘饰

[任务布置]

了解食品雕刻设备、工具的使用方法及菊花的雕刻和盘饰工艺流程、安全生产规则，学习雕刻岗位的开档和收档技能。了解和初步掌握雕刻花卉类品种的横刀手法、戳刀法等技能，独立完成菊花成品雕刻及盘饰工艺流程。

[任务实施]

2.2.1　相关知识准备

1）菊花的特点及寓意

菊花，又名秋菊、陶菊、艺菊等，为菊科菊属多年生草本植物，是经人工长期培育的花卉种类，品种达三千余种。其株高通常为 30 ~ 90 cm，草质茎的颜色呈嫩绿色或褐色，直立或半蔓性，表面有短柔毛，易生分枝，生长到末期稍呈木质化。单叶互生，有叶柄，叶片浅裂或深裂，叶缘有锯齿。每年花开后，地上部分枯萎，留下宿根越冬，第二年春天萌发新枝。花为顶生的头状花序，常被人们看作一朵花，实际上是一个由几十上百朵小花组成的头状花序，而被人们叫作一片"花瓣"的，才真正是一朵花。排列在花序外围的是舌状的单性花，中心部分的是筒状的两性花。花序大小和形状各有不同，单瓣或重瓣，扁形或球形，长絮、短絮、平絮或卷絮，空心或实心，挺直或下垂，式样繁多、品种丰富，根据瓣形可分为平瓣、管瓣、匙瓣等类型。菊花的色彩十分丰富，有红、黄、白、墨、紫、绿、橙、粉、棕、雪青、淡绿色，以及复色、间色等。根据花期迟早，有早菊（9 月开放）、秋菊

（10月至11月开放）、晚菊（12月至次年元月开放），经人工改变日照等条件，也有5月、7月开花的。

菊花是我国十大名花之一，也是我国的"四君子"之一，在我国已有三千多年的栽培历史。菊花常被喻为"花中隐士"，因其有松树般的风格、梅花似的品行，深受人们喜爱，从宋朝起，民间就有一年一度的菊花盛会。人们常认为菊花有清净、高洁、我爱你、真情、令人怀念、品格高尚的意义，菊花还被赋予了吉祥、长寿的含义。中国历代诗人、画家常以菊花为题材吟诗作画，留下了许多歌颂菊花的名品佳作。立秋以后，随着天气的转凉、日照时间的缩短，菊花开始分化花芽、孕育花蕾，不畏寒冷、冒着严霜，迎着即将到来的冬天妖娆开放。"宁可枝头抱香死，何曾吹堕北风中"，足可看出菊花的这种精神。人们赞美菊花，不仅因为它美，也是为了赞美它那种不畏霜冻的品质。菊花常常成为组合图案中的吉祥符号，如菊花与喜鹊组合表示"举家欢乐"，菊花与松树组合就成为"益寿延年"的象征等。

菊花花语：菊花代表思念、品质高洁；野菊花代表由心而发的自然，因此野菊花的含义是自然而深厚的思念。白色菊花形容纯洁的友谊、纯洁的爱情、纯洁的心灵；红色菊花多被人们当作爱情的信物；黄色菊花代表对已故之人的思念；粉色菊花代表着甜美、温柔和纯真；紫色菊花代表爱情（图2.17—图2.19）。

图2.17　菊花1　　　　　图2.18　菊花2　　　　　图2.19　菊花3

2）雕刻造型的特点及运用

在食品雕刻中，菊花不仅外形美观、寓意吉祥，而且雕刻技法比较简单，初学者容易掌握。此外，花卉类雕刻品种的形体较小，因此雕刻菊花也比较节省原料。雕刻菊花的原料非常广泛，一般有胡萝卜、白萝卜、青萝卜、心里美萝卜、南瓜、芋头等，使用大白菜和上海青还可以雕刻出另一种韵味的菊花（图2.20）。

图2.20　菊花盘饰

由于菊花品种繁多而造型丰富，因此在雕刻过程中，有由外向里刻和由里向外刻两种技法，一般常用由外向里刻的技法。菊花的花瓣较多且有多层，外层花瓣细而长，有翘有垂，密密麻麻，宛如一根根飘带，又似龙翔凤舞，洒脱异常；里面的小瓣，越靠近花蕊，花瓣越小，似分似连，排成一圈，拥抱着细密的花蕊，远看似一个初升的小太阳，象征着吉祥如意。粗壮的茎、美丽的花朵加上绿叶的陪衬，菊花作品显得清新脱俗。

单个菊花作品（或配上茎叶、山石）可用于点缀菜肴，将其置于圆形餐盘中央，构成对称图案；也可将其置于餐盘一侧，自然构图，给人以整齐、协调的感觉。菊花还可以组合制作成宴会花篮，也可成为其他组合雕刻作品的点缀成分。

2.2.2 工作过程

1）制作准备

（1）原料名称与用量

胡萝卜（也可选用牛腿南瓜、青萝卜、白萝卜、大白菜、上海青等）1个。

（2）相关原料知识

胡萝卜是伞形科一年生或二年生草本植物。三回羽状全裂叶，丛生于肉质根上，顶端生一复伞形花序。胡萝卜的肉质根为食用部分，品种较多，按色泽可分为黄色、红色、橙红色、紫色等多种，我国栽培最多的是红色、黄色两种。根据肉质根形状，胡萝卜一般分3个类型：短圆锥类型、长圆柱类型、长圆锥类型。胡萝卜以肉质细密、脆嫩多汁、有特殊的甜味，表皮光滑，形状整齐，心柱小，肉厚、不糠，无裂口和无病虫伤害者为佳。

胡萝卜原产亚洲西部，属半耐寒性、长日照植物，喜冷凉气候。我国多于夏秋播种，秋冬季节上市，栽培普遍，以河南、浙江、山东等省种植较多，品质也好（图2.21）。

图 2.21　胡萝卜

（3）工具种类

切刀1把、砧板1块、主刻刀1把、U形戳刀1把、V形戳刀1把、餐盘1个、水盆1个、消毒毛巾1条、餐巾纸1包。

（4）操作技法

戳刀法是用大拇指、食指、中指以执笔手法紧握U形戳刀或V形戳刀刀柄，沿原料的侧面或朝原料内部，并与原料呈一定角度向前戳的运刀技法。大丽花、各类花卉的花蕊、各种不同造型的菊花都主要使用戳刀法。戳刀法还广泛地运用在雕刻鸟的羽毛、翅膀，鱼、麒麟、龙的鳞片等方面（图2.22）。

图 2.22　戳刀法

技法要点：

①戳刀刀口要用专用工具打磨锋利，这样可以保证戳刀刻过之后原料上所留的刀口线条清爽。

②拇指、食指、中指要捏稳刀身，发力准确。

③要控制好行刀角度的变化。

④进刀及收刀点要定、准。

⑤运刀准确，干净利落。

2）制作过程

（1）原料准备

①选一根直径约 5 cm 的符合菊花雕刻要求的优质胡萝卜（图 2.23）。

图 2.23　菊花原料 1

技术要点：胡萝卜外形光洁圆润，无开裂，表皮光滑，形状整齐，心柱小。

②下刀后按照雕刻要求再次判断原料是否符合工艺要求。

技术要点：胡萝卜肉厚、不糠，无裂口，无病虫伤害，光泽度好（图 2.24）。

图 2.24　菊花原料 2

（2）主题内容雕刻

①在原料头部切一块高约 8 cm 的坯料，将坯料底部修成碗状，用 U 形戳刀从坯料顶部边缘进刀，沿坯料侧面从上往下较均匀地戳向碗状底部，戳出菊花的最外层丝状花瓣（图 2.25、图 2.26）。

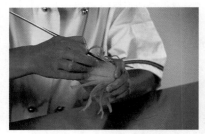

图 2.25　雕刻菊花第一层

图 2.26　菊花第一层

技术要点：在戳花瓣时要用力均匀而且要戳到坯料的底部；行刀时花瓣的头部稍大些，靠近底部 1/3 处稍细稍薄些，到根部再恢复原本的粗细度，这样可使花瓣有自然下垂感；每根花瓣的大小、粗细基本均匀，但部分花瓣可在粗细长短上稍有变化，这样菊花花瓣会显得更加自然。如果不小心戳断花瓣，可在原位置补戳一个花瓣。另外，还可变化花瓣的曲直、长短，从而雕出不同种类的菊花。

②用主雕刻刀将外层花瓣内的坯料顶部切去约 1.5 cm，并将戳过外层花瓣所留下的刀槽削平整，坯料仍呈类圆柱体（图 2.27、图 2.28）。

图 2.27　菊花去顶料　　　　　　　　图 2.28　菊花去侧料

技术要点：去废料时刀不能将外层花瓣削断，削去的废料应略薄，以利于第二层花瓣造型。

③用戳刀从坯料的顶部边缘进刀戳出第二层花瓣，第二层花瓣比外层花瓣稍短，使花瓣的层次感分明（图 2.29）。

图 2.29　菊花第二层

技术要点：第二层花瓣可戳到外层花瓣根部接近处，但不能比外层花瓣深，以防第一层花瓣掉落。

④用主雕刻刀将第二层花瓣内坯料顶部切去约 1.5 cm，并将戳过花瓣所留下的刀槽削平整，坯料仍呈类圆柱体（图 2.30）。

图 2.30　菊花去二层料

技术要点：每次去废料时，刀尖要削到底部，要将根部削得更细些，这样刻出的花瓣才能更自然。

⑤用同样的方法戳出第三层、第四层花瓣，第五层花瓣呈含苞状，最后用 V 形戳刀戳出花蕊即成，菊花一般不少于4层（图2.31）。

图 2.31　刻菊花花心

技术要点：花瓣一层比一层短小，戳刀戳时注意不能伤到前一层花瓣，以防其掉落。

⑥整理好花的形态，放入水中浸泡一分钟后取出装盘（图2.32、图2.33）。

图 2.32　菊花泡水　　　　　　　　　图 2.33　菊花成形

技术要点：泡水整形，使花瓣边缘的外翻卷度和弯曲度更加自然，也使菊花作品在吸水后更加饱满、艳丽。

（3）组合装盘

①用芋头刻好石头。

技术要点：石头的线条简洁明快。

②将菊花与枝干、绿叶的组合造型置于餐盘一侧（图2.34）。

技术要点：竹签、胶水不能外露。

图 2.34　菊花盘饰

（4）盘饰整理

对盘中摆放的原料进行细微调整和修饰，使作品更加精细美观。对盘面进行清洁，保证盘内卫生，无污点、油渍。

2.2.3　总结评价

1）工作过程评价

任务名称	菊花盘饰	工作评价	
	准备阶段	处理完好	处理不当
	工作服穿戴整齐		
	检查安全及卫生状况，做好消毒工作，准备用具		
	领料，核验原料数量和质量，填写单据		
工作过程	根据雕刻要求备齐刀具		
	雕刻制作阶段	处理完好	处理不当
	雕刻制作与烹饪相关工作岗位要求的结合与运用		
	按照雕刻的制作步骤和拼摆方法、操作要领完成雕刻成品的制作		
	整理阶段	处理完好	处理不当
	能够对剩余原料进行妥善处理和保管		
	清理工作区域，清洁工具		
	关闭水、电、气、门、窗		

2）任务成果评价

项　目 （评分要素）	评价标准	配　分	得　分
选料	雕刻原料的选择和加工制作符合雕刻成品对质地、形状、色泽的要求；原料利用率高	10	10
	各种用料的选择和加工制作基本符合雕刻成品对形状、色泽的要求；原料利用率不高		7
技法运用	熟练掌握戳刀法，行刀精准，刀口平整，边角料处理得当	30	30
	基本掌握戳刀法，行刀基本精准，刀口基本平整，边角料处理比较得当		20
	戳刀法掌握不到位，行刀不够精准，刀口不平整，边角料处理不得当		15
成形	形态逼真，成形很好，雕刻作品成形符合规格要求	40	40
	成形较好，原料雕刻面较匀称，雕刻成形基本符合规格要求		30
	原料雕刻面不精细、不匀称，粗糙		20
装盘组配	各种用料色泽搭配合理，色彩丰满，原料组配合理，盘具洁净	20	20
	各种用料色泽搭配基本合理，色彩较鲜艳		15
	各种用料色泽搭配不合理，色彩暗淡不清爽，盘面不洁净、有污点		10

一、课堂练习

判断题。

1. 雕刻菊花主要使用了戳刀技法。 （ ）

2. 胡萝卜以表皮光滑，形状整齐，心柱大，肉厚、不糠，无裂口和无病虫伤害为佳。 （ ）

3. 戳刀法只适用于 U 形戳刀。 （ ）

4. 雕刻菊花时如不小心戳断花瓣，可在原位置补戳一个。 （ ）

5. 菊花被赋予了吉祥、好运的含义。 （ ）

二、课后思考

雕刻菊花的关键点有哪些？

三、实践活动

以小组为单位，各自制作一款菊花盘饰并互相讨论、评价。

任务 3　宝塔盘饰

宝塔盘饰

[任务布置]

了解食品雕刻设备、工具的使用方法及宝塔的雕刻和盘饰工艺流程、安全生产规则，学习雕刻岗位的开档和收档技能。了解和初步掌握雕刻楼阁类品种的刻刀法、纵刀手法等技能，独立完成宝塔成品雕刻及盘饰工艺流程。

[任务实施]

2.3.1　相关知识准备

1）宝塔的特点及寓意

宝塔是佛教特有的高耸建筑物，多层尖顶。宝塔最早为方形，现发展成八角形，也有六角形、十二角形、圆形等多种形状。宝塔按类型可分为楼阁式塔、密檐塔、金刚宝座塔等，按建筑材料可分为木塔、砖石塔、金属塔、琉璃塔等。宝塔有实心、空心，单塔、双塔之分，其基本造型由塔基、塔身、塔顶组成。宝塔的层数一般为单数，常有七级、九级、十三级等（图 2.35—图 2.37）。

我国幅员辽阔，不同地区具有不同的地域文化特点，因此便派生出了各种不同风格、不同式样的宝塔。各种极具建筑装饰美感的宝塔遍布我国东西南北，与山川、河流、村落共同构筑了中华民族独特的人文、自然景观。我国宝塔是古代高层建筑的代表，用料精良、结构巧妙、技艺高超、类型丰富。尤其是楼阁式宝塔，其形式来源于中国传统建筑中的楼阁，这种宝塔在中国古塔中历史悠久，形体最为高大，保存数量也最多，保持着唐宋古塔的风格，飞檐画栋、形态端庄、简洁粗犷、气势宏大，华贵而不繁复。

图 2.35　宝塔 1

图 2.36　宝塔 2

图 2.37　宝塔 3

2）雕刻造型的特点及运用

宝塔的雕刻造型主要是将中国传统建筑美学借鉴到食品雕刻中，以丰富食品雕刻的品种。此处食雕宝塔为六角飞檐，形态端庄，简洁却不失灵气，有唐宋建筑的风格，体现出古色古香的韵味，运用在大型组合雕刻中有一定的点睛之妙，可使人对烹饪美学艺术的印象更加深刻（图 2.38）。

图 2.38　宝塔盘饰

食品雕刻作品在宴席及菜品中主要起装饰和点缀作用，还可以弥补某些菜品在造型等方面的不足。宝塔雕件运用到位，可以使整个宴会获得一种特殊的意趣。

单个宝塔作品可直接点缀菜肴，将其置于汤汁较少的菜肴的圆形餐盘中央，构成对称图案的中心；也可将其置于餐盘一侧，自然构图，给人以整齐、协调的感觉。

2.3.2　工作过程

1）制作准备

（1）原料名称与用量

胡萝卜（也可选用芋头、青萝卜、南瓜等）1 个。

（2）相关原料知识

胡萝卜的相关知识见本项目任务 2。

（3）工具种类

菜刀 1 把、主刻刀 1 把、V 形戳刀 1 把、U 形戳刀 1 把、砧板 1 块、餐盘 1 个、水盆 1 个、消毒毛巾 1 条、餐巾纸 1 包。

（4）操作技法

刻刀法。刻，是食品雕刻中应用最为广泛的一种刀法，花卉、鸟类、人物、鱼虫及楼阁等各种类型的雕刻品种都能用到，可采用平口刀、斜口刀进行操作。通常使用主刻刀操作，具体方法是，左手根据已削出坯体原料的大小及要运刀的角度，或托住，或扶稳，或捏紧被雕刻原料，右手拇指、食指、中指以执笔法紧握主刀，无名指和小指可顶住原料。然后，选好角度及要准备雕刻的位置，刀口向下一刀一刀地刻下去，直至完成要刻的造型。根据刀与原料接触的角度，可分为直刻和斜刻两种类型。直刻，是指刀刃垂直于原料，平直均匀地刻下去；斜刻，是指刀刃与原料成一定的角度用力斜刻下去，刻过的雕品刀面有一定的弧度（图2.39）。

图2.39 刻刀法

技法要点：
①主刀刀口锋利、平整。
②左右手配合到位，拇指、食指、中指要捏稳刀身，发力准确。
③进刀及收刀点定、准。
④运刀准确，干净利落。

2）制作过程

（1）原料准备
①选一根直径约6 cm、长度约18 cm的符合宝塔雕刻要求的优质胡萝卜（图2.40）。
技术要点：胡萝卜外形光洁圆润，无开裂，表皮光滑，形状整齐，心柱小。
②下刀后按照雕刻要求再次判断原料是否符合工艺要求（图2.41）。
技术要点：胡萝卜肉厚、不糠，无裂口，无病虫伤害。

图2.40 宝塔原料1

图2.41 宝塔原料2

（2）主题内容雕刻
①用菜刀切去胡萝卜的头尾，从上至下将原料切削为上小下大的六棱柱体（图2.42）。

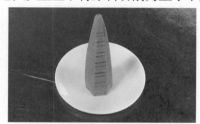

图2.42 宝塔柱体

技术要点：在切削柱体侧面时注意下刀准确，6 个面要一样大小。

②用画笔定出宝塔檐层位置，基本为六等份，最上层稍长些。用雕刻刀直刻出塔层轮廓，去掉层间废料（图 2.43）。

图 2.43　宝塔层廓

技术要点：刀口整齐平衡。

③用主刀刻出上下各层塔檐弧面。使用横刀手法或执笔刀手法从第一层的一个檐角处进刀，并向下运刀至另一个檐角刻出一个塔檐的上弧面，用同样方法刻出另外 5 个上弧面。使用执笔手法从檐角下部进刀沿弧面向内刻至塔檐最低处（每个檐角分向两侧各需一刀），然后将整块坯料倒过来，用直刀沿柱体侧面进刀去除塔檐下面的废料，再用刀尖刻去檐角上面的废料，使檐角上翘；用同种方法刻出其他各层塔檐（图 2.44）。

技术要点：塔檐弧面曲线圆润，刀口不宜重复修整，保持刀口的平直，注意去掉废料时进刀的深浅要准确。

④用 V 形戳刀从塔檐边缘向上戳出瓦片的线条（图 2.45）。

技术要点：注意戳出的线条深度、大小、间距一致。

图 2.44　宝塔各层塔檐

图 2.45　宝塔檐线

⑤用 U 形戳刀配合主刀刻出每层塔门及窗户，修整塔顶形状并刻出进塔台阶（图 2.46）。

技术要点：用 U 形戳刀配合主刀可较方便地刻出塔门及窗户。

⑥刻好的宝塔作品放入明矾水中浸泡一分钟后取出，保持水分及颜色的鲜亮感（图 2.47）。

技术要点：整形泡水，保持水分。

图 2.46　宝塔成品

图 2.47　宝塔泡水

（3）组合装盘

①用南瓜刻出假山及登山台阶，用青萝卜刻出绿树（图2.48）。

技术要点：山石的线条宜粗犷明快，绿树比例要协调。

②将宝塔与山石、绿树的组合造型置于餐盘一角（图2.49）。

技术要点：竹签、胶水不能外露。

图2.48　假山与绿树配饰　　　　　　　　　　图2.49　宝塔盘饰

（4）盘饰整理

对盘中摆放的原料进行细微调整和修饰，使作品更加精细美观。对盘面进行清洁，保证盘内卫生，无污点、油渍。

2.3.3　总结评价

1）工作过程评价

任务名称	宝塔盘饰	工作评价	
工作过程	**准备阶段**	处理完好	处理不当
	工作服穿戴整齐		
	检查安全及卫生状况，做好消毒工作，准备用具		
	领料，核验原料数量和质量，填写单据		
	根据雕刻要求备齐刀具		
	雕刻制作阶段	处理完好	处理不当
	雕刻制作与烹饪相关工作岗位要求的结合与运用		
	按照雕刻的制作步骤和拼摆方法、操作要领完成雕刻成品的制作		
	整理阶段	处理完好	处理不当
	能够对剩余原料进行妥善处理和保管		
	清理工作区域，清洁工具		
	关闭水、电、气、门、窗		

2）任务成果评价

项 目 （评分要素）	评价标准	配 分	得 分
选料	雕刻原料的选择和加工制作符合雕刻成品对质地、形状、色泽的要求；原料利用率高	10	10
	各种用料的选择和加工制作基本符合雕刻成品对形状、色泽的要求；原料利用率不高		7
技法运用	熟练掌握刻刀法，行刀精准，刀口平整，边角料处理得当	30	30
	基本掌握刻刀法，行刀基本精准，刀口基本平整，边角料处理比较得当		20
	刻刀法掌握不到位，行刀不够精准，刀口不平整，边角料处理不得当		15
成形	形态逼真，成形很好，雕刻作品成形符合规格要求	40	40
	成形较好，原料雕刻面较匀称，雕刻成形基本符合规格要求		30
	原料雕刻面不精细、不匀称，粗糙		20
装盘组配	各种用料色泽搭配合理，色彩丰满，原料组配合理，盘具洁净	20	20
	各种用料色泽搭配基本合理，色彩较鲜艳		15
	各种用料色泽搭配不合理，色彩暗淡不清爽，盘面不洁净、有污点		10

[练习与思考]

课堂练习

判断题。

1. 胡萝卜以山东、河南、浙江、云南等省种植最多。　　　　（　　）
2. 雕刻宝塔只能选胡萝卜。　　　　（　　）
3. 食品雕刻宝塔以 6 个面以上为宜。　　　　（　　）
4. 雕刻宝塔主要使用了旋刀法。　　　　（　　）
5. 胡萝卜在我国栽培最多的是红色、黄色两种。　　　　（　　）

 # 任务4　海虾盘饰

海虾盘饰

[任务布置]

　　了解食品雕刻设备、工具的使用方法及海虾的雕刻和盘饰工艺流程、安全生产规则，学习雕刻岗位的开档和收档技能。了解和初步掌握雕刻水族类品种的横刀法、执笔法及戳刀法等技能，独立完成海虾成品雕刻及盘饰工艺流程。

🌹 2.4.1　相关知识准备

1）虾的特点及寓意

海虾是虾的一种。虾，属甲壳类的节肢动物，生活在水中，种类很多，包括青虾、河虾、草虾、小龙虾、对虾、琵琶虾、龙虾等。虾的身体长而扁，外骨骼有石灰质，分头胸和腹两部分。头胸由甲壳覆盖，腹部由 7 节体节组成。头胸甲前端有一尖长呈锯齿状的额剑及 1 对能转动的带柄的复眼。虾以鳃呼吸，鳃位于头胸部两侧，也被甲壳覆盖。虾的口在头胸部的底部。头胸部有两对触角，负责嗅觉、触觉及平衡；还有 3 对颚足，帮助把持食物。腹部有 5 对游泳肢及 1 对粗短的尾肢，尾肢与腹部最后一节合为尾扇，能控制虾的游泳方向（图 2.50、图 2.51）。

图 2.50　虾 1　　　　　　　　图 2.51　虾 2

虾很普通也很常见，它的外形充满活力、比例协调。画虾的高手，往往寥寥几笔就能形神俱佳、活灵活现地展现出虾的勇猛与活力。此外，因为虾的形象特征是长须弯腰，所以在我国民间，虾常常含有"笑弯了腰""笑哈哈""喜笑颜开""步步高升"等美好寓意。

2）雕刻造型的特点及运用

在食品雕刻中，雕刻海虾有诸多好处，除了外形美观、寓意吉祥外，雕法也比较简单，对于初学者来讲，相对容易掌握。另外，海虾的形体比较小，比较节省原料，而且选料广泛，胡萝卜、白萝卜、青萝卜、心里美萝卜、南瓜、莴笋、芋头等均可用于雕刻海虾。

海虾的造型从后背方向看，颈壳处最宽，越靠近尾部越窄。由 5 ~ 6 个海虾体节组成的腰部呈弯曲状，头部呈尖尖的三角形。海虾须多而长，眼睛呈突起状。海虾爪多且左右对称，尾巴呈竹叶形散开，头部的长度与身体的长度基本相等。海虾的造型可以有多种变化，主要表现在腰部的弯曲度上。但无论海虾身呈何种状态，海虾的头部形状都基本不变；同时，海虾尾翘起的角度，海虾须、海虾爪弯曲的弧度，都会对海虾的整体造型产生影响（图 2.52）。

图 2.52　海虾盘饰

海虾可由两个以上不同造型的单品配上珊瑚作品及水草作品点缀菜肴，可将其置于圆形餐盘中央，也可将其置于餐盘一侧，自然构图。海虾还可以成为其他组合雕刻作品的点缀成分。

2.4.2 工作过程

1）制作准备

（1）原料名称与用量
胡萝卜（也可选用牛腿南瓜、青萝卜等）1个。

（2）相关原料知识
胡萝卜的相关知识见本项目任务2。

（3）工具种类
菜刀1把、砧板1块、主刻刀1把、U形戳刀1把、V形戳刀1把、餐盘1个、水盆1个、消毒毛巾1条、餐巾纸1包。

（4）操作技法
横刀手法是指除拇指外的其余4指横握刀把，拇指贴于刀刃内侧的握刀手法。运刀时，4指上下运动，拇指则按住所要刻的部位，在完成每一刀的操作后，拇指自然地回到刀刃的内侧。此手法适用于各种整雕、组合雕及一些花卉雕刻（图2.53）。

图 2.53　横刀手法

技法要点：除拇指外，其余4指要捏稳刀身，发力准确。

2）制作过程

（1）原料准备
①选一根直径约6 cm、长度12 cm以上的符合海虾雕刻要求的胡萝卜（图2.54）。

技术要点：胡萝卜外形光洁圆润，无开裂，表皮光滑，形状整齐，心柱小。

②下刀后按照雕刻要求再次判断原料是否符合工艺要求（图2.55）。

技术要点：胡萝卜肉厚、不糠，无裂口，无病虫伤害。

图 2.54　海虾原料1

图 2.55　海虾原料2

（2）主题内容雕刻
①胡萝卜切去头、尾及两侧，留下高约6 cm、长约12 cm、厚约3 cm的长方形块，再从

中间切成两块厚约 1.5 cm 的长方形块（图 2.56）。

技术要点：刀面平整，薄厚一致。

②取其中一块原料在其背部 1/2 处用主刻刀雕出海虾的背部曲线，其中头和身各占原料长度的 1/2（图 2.57）。

图 2.56 海虾粗坯

图 2.57 海虾背廓

技术要点：背部曲线呈弧形。背部弯曲度大些，会更具动感。

③从左右两侧将海虾的尾部削细，头部削尖，用主刻刀刻出头顶上的虾箭。然后刻出虾头壳的轮廓，再把虾头下面的原料剔去一层，从而显出虾头形状（图 2.58—图 2.60）。

图 2.58 海虾头 1

图 2.59 海虾头 2

图 2.60 海虾头 3

技术要点：虾箭要尖、小，要与虾头部接近平行。刻头壳时下刀不能过深，太深会导致后面刻虾须时易断。

④将海虾腰的背部棱角削圆，然后从头向尾一节一节地雕出虾节，前一节要覆盖住后一节（图 2.61、图 2.62）。

图 2.61 海虾壳 1

图 2.62 海虾壳 2

技术要点：虾腰的前部略粗，尾部略细。刻虾身壳节去掉废料时要一刀到位，使虾节显现出清爽的层次感。

⑤用主刻刀的刀尖刻出竹叶形尾片，使虾尾整体呈扇形。然后将尾部下面的废料削去，再刻出虾身下两侧空隙线（图 2.63）。

图 2.63 海虾尾

技术要点：虾身尾节壳长且尖，海虾尾直，刻空隙线是为了使海虾腿和海虾身连接处更逼真。

⑥用主刻刀削出海虾头下面的前须，长度约为原料的1/2；用小号V形戳刀戳出海虾身下的短爪。将须爪下面的废料剔净后，插上眼睛及两根长须即成（图2.64—图2.68）。

技术要点：前须弧度要有变化；戳短爪时刀应戳得深些，有利于去除虾身短爪下的废料；虾须向两侧及后方张开。

图 2.64　海虾须 1　　　　　　　　图 2.65　海虾须 2

图 2.66　海虾短爪 1　　　　图 2.67　海虾短爪 2　　　　图 2.68　插上海虾须、眼

⑦整理好海虾的形态，放入清水中浸泡一分钟后取出备用（图2.69）。

图 2.69　海虾泡水

技术要点：整体泡水，使海虾作品吸水后饱满亮丽。

（3）组合装盘

①用芋头刻出石头、珊瑚，用青萝卜刻出水草（图2.70）。

技术要点：石头及珊瑚的线条简洁明快，水草的厚度适当自然。

②将两只不同造型的海虾与石头、珊瑚、水草合理组装后置于餐盘一侧（图2.71）。

技术要点：两只海虾衔接恰当，错落有致，呈呼应之势。竹签、胶水不能外露。

图 2.70　石头、珊瑚与水草配饰　　　　图 2.71　海虾盘饰

（4）盘饰整理

对盘中摆放的原料进行细微调整和修饰，使作品更加精细美观。对盘面进行清洁，保证盘内卫生，无污点、油渍。

2.4.3 总结评价

1）工作过程评价

任务名称	海虾盘饰	工作评价	
工作过程	**准备阶段**	处理完好	处理不当
	工作服穿戴整齐		
	检查安全及卫生状况，做好消毒工作，准备用具		
	领料，核验原料数量和质量，填写单据		
	根据雕刻要求备齐刀具		
	雕刻制作阶段	处理完好	处理不当
	雕刻制作与烹饪相关工作岗位要求的结合与运用		
	按照雕刻的制作步骤和拼摆方法、操作要领完成雕刻成品的制作		
	整理阶段	处理完好	处理不当
	能够对剩余原料进行妥善处理和保管		
	清理工作区域，清洁工具		
	关闭水、电、气、门、窗		

2）任务成果评价

项目（评分要素）	评价标准	配分	得分
选料	雕刻原料的选择和加工制作符合雕刻成品对质地、形状、色泽的要求；原料利用率高	10	10
	各种用料的选择和加工制作基本符合雕刻成品对形状、色泽的要求；原料利用率不高		7
技法运用	熟练掌握横刀法，行刀精准，刀口平整，边角料处理得当	30	30
	基本掌握横刀法，行刀基本精准，刀口基本平整，边角料处理比较得当		20
	横刀法掌握不到位，行刀不够精准，刀口不平整，边角料处理不得当		15
成形	形态逼真，成形很好，雕刻作品成形符合规格要求	40	40
	成形较好，原料雕刻面较匀称，雕刻成形基本符合规格要求		30
	原料雕刻面不精细、不匀称，粗糙		20
装盘组配	各种用料色泽搭配合理，色彩丰满，原料组配合理，盘具洁净	20	20
	各种用料色泽搭配基本合理，色彩较鲜艳		15
	各种用料色泽搭配不合理，色彩暗淡不清爽，盘面不洁净、有污点		10

一、课堂练习

（一）选择题。

1. 下列雕刻品种或雕刻部件中，（　　）主要使用了戳刀法。

    A. 菊花   B. 大丽花

    C. 月季花   D. 虾的短腿

2. 虾的造型可以有多种变化，主要表现在（　　）。

    A. 虾头   B. 虾尾

    C. 虾须   D. 虾腰

（二）判断题。

1. 刻虾头壳时下刀不能过深，太深会导致虾头易断。 （　　）

2. 雕刻海虾不宜选用南瓜。 （　　）

3. 雕虾时，一般从尾向头一节一节地雕出虾节。 （　　）

4. 虾身弯曲度大些，会更具动感。 （　　）

二、课后思考

雕刻虾的关键点有哪些？

三、实践活动

以小组为单位，各自制作一款海虾盘饰并互相讨论、评价。

任务5　金鱼盘饰

金鱼盘饰

[任务布置]

    了解食品雕刻设备、工具的使用方法及金鱼的雕刻和盘饰工艺流程、安全生产规则，学习雕刻岗位的开档和收档技能。了解和初步掌握雕刻虫鱼类品种的纵刀法、执笔法及戳刀法等技能，独立完成金鱼成品雕刻及盘饰工艺流程。

[任务实施]

2.5.1　相关知识准备

1）金鱼的特点及寓意

    金鱼也称"金鲫鱼"，其身姿奇异、色彩绚丽，起源于鲤科，也是世界观赏鱼史上最早出现的品种之一。金鱼由鲫鱼驯化而成，头上有两只圆圆的大眼睛，身体短而肥，鱼鳍发达，尾鳍有很大的分叉。金鱼的品种很多，颜色有红、橙、紫、蓝、墨、银白、五花等，分为文种、龙种、蛋种3类。文种金鱼眼小嘴尖，头大身长，高身、峰背、尖头、短尾，形成一个菱形，显得英姿勃勃；蛋种金鱼尾鳍长大，薄若蝉翼，游动时恰似轻纱曼舞，仪态万千；龙种金鱼具有算盘珠形状的发达的眼睛，宽大的尾鳍配上高耸的背鳍，龙姿绰约、熠熠生辉。

作为世界上最有文化内涵的观赏鱼之一，金鱼在中国人心中很早就奠定了"国鱼"的尊贵身份。金鱼小巧玲珑、翩翩多姿、体态稳重，加上金鱼带"金"字，"鱼"与"余"同音，"金鱼"又与"金玉"谐音，在家中养一群金鱼寓意金玉满堂和年年有余。所以，从唐宋时期开始，养金鱼逐渐成为中国人的一种传统（图2.72—图2.74）。

图 2.72　金鱼 1

图 2.73　金鱼 2

图 2.74　金鱼 3

2）雕刻造型的特点及运用

在雕刻金鱼时，先不考虑背鳍、胸鳍、腹鳍，等到最后再将它们粘上去。因此，金鱼的雕刻方法相对容易些。不过，要想把金鱼雕得生动逼真，就得抓住金鱼的外形特征。金鱼的外形特征是口突无须，头小，身体圆鼓，头上的大圆眼睛突出，头部非常明显，身体呈蛋形且短而肥，鱼鳍发达，尾鳍很大且分叉明显。金鱼的姿态变化主要表现在尾部，一般来说，金鱼尾部摆动的幅度越大，所雕作品就越有动感，而尾部摆动幅度小的姿势刻法相对简单。组装时两条金鱼一前一后互相呼应，配以山石、水草，动感十足（图2.75）。

图 2.75　金鱼盘饰

烹饪中的鱼类菜品极其丰富，金鱼雕刻作品在鱼类菜品中除了可起装饰和点缀作用外，又可以与整个菜肴在内容、风味或意义上有机地联系起来，能更加突出整个菜肴的完整性和一致性。

单个金鱼作品可直接点缀菜肴，将其置于圆形餐盘中央，构成对称图案的中心；也可将其置于餐盘一侧，自然构图，给人以整齐、协调的感觉。

2.5.2　工作过程

1）制作准备

（1）原料名称与用量

芋头（也可选用南瓜、胡萝卜等）1个。

（2）相关原料知识

芋头，多年生块茎植物，作物栽培期为一年。芋头原产于印度，我国以珠江流域及台湾地区种植最多。芋头宽大的叶片呈盾形，绿色或紫红色的叶柄长而肥大；植株基部为短缩茎，因贮存养分而形成肥大的肉质球茎，称为"芋头"。芋头有 100 多个种类，形状多为椭圆形、球形、卵形或块状等。块茎部分呈深褐色，外皮呈环状且较粗糙，表面有毛。果肉有白色、米白色和紫灰色，有的还有粉红色或褐色的纹理。芋头以体形匀称、外部无烂斑、有重量感、肉质细白、质地松软为佳，其中又以广西荔浦芋头品质最好。芋头宜放置于干燥阴凉且通风的地方保存，鲜芋头因不耐低温而不能放入冰箱；另外，芋头易软，不宜久放（图2.76）。

图 2.76　芋头

（3）工具种类

菜刀 1 把、砧板 1 块、主刻刀 1 把、U 形戳刀 1 把、拉线刀 1 把、水性铅笔 1 支、餐盘1 个、水盆 1 个、消毒毛巾 1 条、餐巾纸 1 包。

（4）操作技法

金鱼盘饰采用纵刀法，它是指 4 个指头纵握刀把，拇指贴于刀刃内侧，运刀时，腕部从右至左均匀用力。此种手法适用于雕刻表面光洁、形体规则的物体，如各种雕件的坯件、圆球体、棱柱体等，其中刻刀法使用较为普遍（图 2.77）。

图 2.77　刻刀法

技法要点：包括大拇指在内的五指要捏稳刀身，发力准确。

2）制作过程

（1）原料准备

①选一个直径约 8 cm、长度 15 cm 以上的符合金鱼雕刻要求的优质芋头（图 2.78）。

技术要点：芋头体形匀称，外部无烂斑，有重量感。

②按照雕刻要求切开后，再次判断原料是否符合工艺要求（图 2.79）。

图 2.78　金鱼原料 1

图 2.79　金鱼原料 2

技术要点：芋头水分足，内部颜色米白或紫灰，光泽度好。

（2）主题内容雕刻

①将芋头用菜刀切成厚约 4 cm、宽约 8 cm、长约 12 cm 的粗坯，用水性铅笔画出金鱼的轮廓，再用中号 U 形戳刀和主刻刀结合雕刻出金鱼身体轮廓及尾巴的大体起伏度（图 2.80、图 2.81）。

图 2.80　金鱼轮廓 1　　　　　　　　　　　图 2.81　金鱼轮廓 2

技术要点：先用 U 形戳刀戳出大条纹路，再用主刻刀进行修整；金鱼身体呈蛋形，头部尖，尾巴轮廓呈类三角形。

②先用主刻刀刻出金鱼身体的大形，背部略鼓，肚大而圆滑，嘴巴小；再用 U 形戳刀戳出尾巴应有的高低起伏度，并戳出尾巴 3 个分叉的基本形状（图 2.82）。

图 2.82　金鱼大形

技术要点：注意身体的圆滑度，尾巴应与身体自然分开，呈三叉四片状。

③主刻刀刻出嘴巴大形，再用小号 U 形戳刀戳出嘴角弧度向外翻出，然后用主刻刀刻出鱼鳃，鱼鳃呈圆形，再刻出鳞片（图 2.83—图 2.85）。

图 2.83　金鱼头 1　　　　　图 2.84　金鱼头 2　　　　　图 2.85　金鱼头 3

技术要点：鳃应在靠鱼身体侧下方 2/5 处定刀。

④用主刻刀刻出尾巴上的纹理（图 2.86、图 2.87）。

图 2.86　金鱼尾 1　　　　　　　　　　图 2.87　金鱼尾 2

技术要点：刻出的鳞片大小要均匀，用拉线刀时要根据坯料的起伏平拉，拉出的线条应大小均匀。

⑤另刻两个小圆球安上专用假眼，在头部前上方粘好，最后再粘上刻好的背鳍、腹鳍、胸鳍（图2.88—图2.91）。

图2.88 金鱼眼

图2.89 金鱼鳍1

图2.90 金鱼鳍2

图2.91 金鱼鳍3

技术要点：注意金鱼的两只眼睛方向要一致。

⑥整理好金鱼的形态，放入清水中浸泡一分钟后取出组装盘饰。

技术要点：整体泡水，使金鱼作品吸水后显得饱满亮丽。

（3）组合装盘

①用南瓜刻好山石，用青萝卜刻出水草（图2.92）。

技术要点：山石的线条简洁明快，水草的厚度适当自然。

②组装时两条金鱼要首尾衔接恰当，高低分明（图2.93）。

技术要点：竹签、胶水不能外露。

图2.92 石头与水草配饰

图2.93 金鱼盘饰

（4）盘饰整理

对盘中摆放的原料进行细微调整和修饰，使作品更加精细美观。对盘面进行清洁，保证盘内卫生，无污点、油渍。

2.5.3 总结评价

1）工作过程评价

任务名称	金鱼盘饰	工作评价	
工作过程	**准备阶段**	处理完好	处理不当
	工作服穿戴整齐		
	检查安全及卫生状况，做好消毒工作，准备用具		
	领料，核验原料数量和质量，填写单据		
	根据雕刻要求备齐刀具		
	雕刻制作阶段	处理完好	处理不当
	雕刻制作与烹饪相关工作岗位要求的结合与运用		
	按照雕刻的制作步骤和拼摆方法、操作要领完成雕刻成品的制作		
	整理阶段	处理完好	处理不当
	能够对剩余原料进行妥善处理和保管		
	清理工作区域，清洁工具		
	关闭水、电、气、门、窗		

2）任务成果评价

项 目（评分要素）	评价标准	配 分	得 分
选料	雕刻原料的选择和加工制作符合雕刻成品对质地、形状、色泽的要求；原料利用率高	10	10
	各种用料的选择和加工制作基本符合雕刻成品对形状、色泽的要求；原料利用率不高		7
技法运用	熟练掌握纵刀法，行刀精准，刀口平整，边角料处理得当	30	30
	基本掌握纵刀法，行刀基本精准，刀口基本平整，边角料处理比较得当		20
	纵刀法掌握不到位，行刀不够精准，刀口不平整，边角料处理不得当		15
成形	形态逼真，成形很好，雕刻作品成形符合规格要求	40	40
	成形较好，原料雕刻面较匀称，雕刻成形基本符合规格要求		30
	原料雕刻面不精细、不匀称，粗糙		20
装盘组配	各种用料色泽搭配合理，色彩丰满，原料组配合理，盘具洁净	20	20
	各种用料色泽搭配基本合理，色彩较鲜艳		15
	各种用料色泽搭配不合理，色彩暗淡不清爽，盘面不洁净、有污点		10

一、课堂练习

（一）选择题。

1.（　　）产芋头质量最好。

　　A. 福建　　　　　B. 广西荔浦　　　C. 海南　　　　　D. 广东

2. 金鱼的造型可以有多种变化，主要表现在（　　）。

　　A. 鱼头　　　　　B. 鱼尾　　　　　C. 鱼肚子　　　　D. 鱼背

（二）判断题。

1. 鲜芋头不能放入冰箱，且不宜久放。　　　　　　　　　　　　（　　）

2. 金鱼的主要特征：头上眼睛大而圆，身体短而肥，尾鳍无分叉。

　　　　　　　　　　　　　　　　　　　　　　　　　　　　　（　　）

3. 雕刻金鱼时，一般先雕刻鱼鳞再雕刻出鱼鳃。　　　　　　　　（　　）

二、课后思考

雕刻金鱼的关键点有哪些？

三、实践活动

以小组为单位，各自制作一款金鱼盘饰并互相讨论、评价。

任务6　仙鹤盘饰

仙鹤盘饰

[任务布置]

　　了解鸟类食品雕刻设备、工具的使用方法及仙鹤的雕刻和盘饰工艺流程、安全生产规则，学习雕刻岗位的开档和收档技能。了解和初步掌握雕刻鸟类品种的执笔手法等技能，独立完成仙鹤成品雕刻及盘饰工艺流程。

[任务实施]

2.6.1　相关知识准备

1）仙鹤的特点及寓意

　　仙鹤，是以丹顶鹤为原型的神话中的鸟类。丹顶鹤因头顶有"红肉冠"而得名，是东亚地区所特有的鸟类品种，国家一级保护动物。这种生活在沼泽或浅水地带的大型涉禽，常被人冠以"湿地之神"的美称。丹顶鹤具备鹤类的特征，即"三长"——嘴长、颈长、腿长。成鸟除颈部和飞羽后端为黑色外，体羽洁白，头顶皮肤裸露无羽毛，呈朱红色；嘴呈淡黄绿色；尾短，尾羽呈白色；附趾较长，呈铅黑色，具有较高的观赏价值。

　　仙鹤风姿秀逸、性情幽娴、矜持华贵、高雅洒脱，自古以来为我国人民所喜爱。古人认为鹤是神仙的伴侣，在神话故事中太乙真人骑的便是仙鹤。仙鹤在中国历史上被公认为一等文禽，清朝文职一品胸前绣制的图案即是仙鹤。画家、工艺美术家们常常以仙鹤为题材创作绘画、装饰图案、雕刻、刺绣等艺术品。

　　人们常用鹤来象征忠贞、长寿、吉祥和幸福。鹤雌雄相随，步行规矩，情笃而不淫，一旦结为伴侣，雌雄厮守终生，一方若亡而另一方将不再另配，具有很高的德性，被人们视为爱情忠贞的象征。古人多用翩翩然有君子之风的白鹤来比喻具有高尚品德的贤能之士，把修身洁行而有时誉的人称为"鹤鸣之士"，以"梅妻鹤子"来比喻具有隐逸生活和恬然自适的清高之人。由于丹顶鹤寿命长达 50 ～ 60 年，人们常把它和松树绘在一起，作为长寿的象征（图 2.94、图 2.95）。

图 2.94　仙鹤 1　　　　　　　　图 2.95　仙鹤 2

2）雕刻造型的特点及运用

　　仙鹤喙长、颈长、腿长的"三长"体形，呈现出极富魅力的"S"形造型，显得亭亭玉立、轻盈飘逸。当其展翅欲飞时，体现出仙鹤的纯洁和对高远志向的向往。眼睛灵动而睿智，脖子线条流畅而优美，两条腿纤细修长，体现出仙鹤姿态的优雅高贵，而且能歌善舞，不愧"优雅的舞蹈家"的称号，又仿佛天外飞仙，俨然一副"仙风道骨"的样子，给人以灵动优雅轻松的艺术感染力。

　　仙鹤可配上松树、祥云等，置于餐盘一侧点缀菜肴，自然构图，体现出协调优美的感觉，也可成为其他组合雕刻作品的组成部分，还可以组合制作成宴会用大型展台等（图2.96）。

图 2.96　仙鹤

2.6.2　工作过程

1）制作准备

（1）原料名称与用量
　　牛腿南瓜（也可选用芋头等）1 个。

（2）相关原料知识

牛腿南瓜，葫芦科南瓜属，一年生双子叶草本植物，果形较小，质量普遍为 1.5 ~ 2.5 kg，也有 10 kg 的。牛腿南瓜是南瓜晚熟品种，果实呈长筒形，犹如牛腿，顶部末端较大，有较小的种子腔，种子较少；靠近果梗一端为实心，是雕刻时选用的部分。嫩瓜表面平滑，有蜡粉，呈绿色或墨绿色。老瓜果皮光滑，呈赤褐色或淡黄色，肉色多为黄色或橘红色，肉质肥厚，耐贮运。南方各省普遍栽培，品种有杭州一带的"十姊妹"等，以广州牛腿南瓜品质较优（图 2.97）。

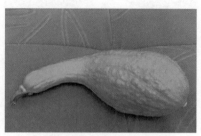

图 2.97　牛腿南瓜

（3）工具种类

菜刀 1 把、砧板 1 块、主刻刀 1 把、U 形戳刀 1 把、拉线刀 1 把、水性铅笔 1 支、餐盘 1 个、水盆 1 个、消毒毛巾 1 条、餐巾纸 1 包。

（4）操作技法

执笔法是指与握笔姿势非常相似的一种握雕刻刀的手法。其方法是右手大拇指指腹贴紧刀膛左侧，食指指腹斜扣住刀背，中指指尖或指尖外侧抵住刀膛右侧，虎口格挡住刀柄。拇指、中指、食指互相配合，夹稳刀轴，小指与无名指紧托在中指下面，并可根据雕刻需要点按在原料上，以配合运刀的方向、角度，从而保证运刀准确、不出偏差。左手运用扶、托、按、转等动作拿稳原料并及时调整原料的位置，配合右手方便运刀。此种手法广泛地应用于各种作品的雕刻中，是食品雕刻学习者应重点掌握的基本技法（图 2.98）。

图 2.98　执笔法

技法要点：

①除拇指外的其余 4 指要捏稳刀身，发力准确。右手各指捏紧雕刻刀，把刀拿稳但不拿死，掌内松空，做到刀轴、刀尖、刀刃运转自如。

②每刻一刀都有起刀、运刀、收刀的过程。起刀要果断，保证刀口挺拔有力；运刀要稳健，保证刀口沉稳不飘浮；收刀要准确，保证运刀之后的定型达意。

③执刀、运刀时注意力度的对比变化，同时要保证运刀的整体连贯性。刀在原料上运行

时要一气呵成、自然流畅，如果雕雕停停，则会出现松散、不连贯的现象。

2）制作过程

（1）原料准备

①选一个直径约 8 cm、实心部分长约 25 cm 的符合仙鹤雕刻要求的优质牛腿南瓜（图 2.99）。

图 2.99　仙鹤原料 1

技术要点：牛腿南瓜外皮光洁圆润，皮色淡黄，有质感。

②按照雕刻要求切开后再次判断原料是否符合工艺要求（图 2.100）。

图 2.100　仙鹤原料 2

技术要点：牛腿南瓜肉色多为黄色或橘红色，肉色鲜艳、光泽度好，肉质肥厚且硬度高。

（2）主题内容雕刻

①从原料顶部向下斜切，去掉一侧原料并粘在原料弓起处，在刀面上用水性铅笔画出仙鹤的轮廓（图 2.101）。

图 2.101　仙鹤坯料

技术要点：此处下刀主要确定仙鹤的头部朝向及仙鹤嘴巴的宽度，可根据作品头部朝向确定去料的厚度。

②用主雕刻刀先刻出仙鹤的额头轮廓，用"S"形运刀法刻出仙鹤脖颈上限及背部曲线轮廓，再去掉仙鹤嘴角与额头之间的废料，最后运刀刻出仙鹤嘴巴下限、脖颈下限及腹部曲线轮廓（图 2.102—图 2.104）。

图 2.102 仙鹤轮廓 1

图 2.103 仙鹤轮廓 2

图 2.104 仙鹤轮廓 3

技术要点：仙鹤额头修长圆润；嘴形长而尖，宜直线稍有弧度进刀，进刀要深；"S"形运刀时要相互呼应；颈部曲线要求灵动，身体整体呈纺锤形；嘴脖的长度、身体的长度和腿的长度比例接近 1 ∶ 1 ∶ 1。

③用 U 形戳刀配合主雕刻刀细刻出仙鹤的眉眼、躯体等（图 2.105）。

图 2.105 仙鹤细刻

技术要点：注意运刀力量变化及角度调整，刀口圆润饱满。鹤身要扁、窄，不能肥胖。

④用 U 形戳刀配合主雕刻刀刻出仙鹤尾部、腿部和爪轮廓，再用 V 形戳刀配合主雕刻刀刻出尾部、腿部羽毛和爪下鳞片状皮肤（图 2.106、图 2.107）。

图 2.106 仙鹤尾部、腿部和爪 1

图 2.107 仙鹤尾部、腿部和爪 2

技术要点：注意细部雕刻到位，包括脚趾的掌心肉和指甲。

⑤另从南瓜肚形部分取料刻出仙鹤的翅膀。先用主雕刻刀刻出翅膀的大体轮廓并将翅膀修圆润，刻出鳞片状边缘；再用掏刀配合主雕刻刀刻出根部的鳞片羽毛；最后用主雕刻刀或 U 形戳刀刻出第二层及第三层飞羽（图 2.108—图 2.112）。

图 2.108 仙鹤翅膀 1

图 2.109 仙鹤翅膀 2

图 2.110 仙鹤翅膀 3

图 2.111　仙鹤翅膀 4　　　　　　　图 2.112　仙鹤翅膀 5

技术要点：翅膀轮廓为"S"形，羽毛由外侧刻起，逐渐刻向根部。注意外侧羽毛长过内侧羽毛，中间部分的羽毛最短。

⑥刻出仙鹤的长尾毛，并将仙鹤的尾毛及翅膀用胶水及竹签与仙鹤接好（图 2.113—图 2.115）。

图 2.113　仙鹤尾毛　　　　　图 2.114　仙鹤长尾毛　　　　　图 2.115　仙鹤粘接

技术要点：接口位置、角度要定准、修平，竹签、胶水不能外露。

（3）**组合装盘**

①刻好石头、松树等作品（图 2.116）。

技术要点：石头的线条简洁明快，树枝遒劲有力。

②将仙鹤与松树、云彩等组合起来，置于餐盘一侧（图 2.117、图 2.118）。

技术要点：竹签、胶水不能外露。

图 2.116　松树、石头等配饰　　　图 2.117　仙鹤组合　　　　　图 2.118　仙鹤盘饰

（4）**盘饰整理**

对盘中摆放的原料进行细微调整和修饰，使作品更加精细美观，对盘面进行清洁，保证盘内卫生，无污点、油渍。

2.6.3 总结评价

1) 工作过程评价

任务名称	仙鹤盘饰		工作评价	
工作过程	**准备阶段**		处理完好	处理不当
	工作服穿戴整齐			
	检查安全及卫生状况，做好消毒工作，准备用具			
	领料，核验原料数量和质量，填写单据			
	根据雕刻要求备齐刀具			
	雕刻制作阶段		处理完好	处理不当
	雕刻制作与烹饪相关工作岗位要求的结合与运用			
	按照雕刻的制作步骤和拼摆方法、操作要领完成雕刻成品的制作			
	整理阶段		处理完好	处理不当
	能够对剩余原料进行妥善处理和保管			
	清理工作区域，清洁工具			
	关闭水、电、气、门、窗			

2) 任务成果评价

项　目 （评分要素）	评价标准	配　分	得　分
选料	雕刻原料的选择和加工制作符合雕刻成品对质地、形状、色泽的要求，原料利用率高	10	10
	各种用料的选择和加工制作基本符合雕刻成品对形状、色泽的要求，原料利用率不高		7
技法运用	熟练掌握执笔法，行刀精准，刀口平整，边角料处理得当	30	30
	基本掌握执笔法，行刀基本精准，刀口基本平整，边角料处理比较得当		20
	执笔法掌握不到位，行刀不够精准，刀口不平整，边角料处理不得当		15
成形	形态逼真，成形很好，雕刻作品成形符合规格要求	40	40
	成形较好，原料雕刻面较匀称，雕刻成形基本符合规格要求		30
	原料雕刻面不精细、不匀称，粗糙		20
装盘组配	各种用料色泽搭配合理，色彩丰满，原料组配合理，盘具洁净	20	20
	各种用料色泽搭配基本合理，色彩较鲜艳		15
	各种用料色泽搭配不合理，色彩暗淡不清爽，盘面不洁净、有污点		10

[练习与思考]

一、课堂练习

（一）选择题。

1. 仙鹤是以（　　）为原型的。

    A. 孔雀　　　　　　　　B. 丹顶鹤

    C. 锦鸡　　　　　　　　D. 山鸡

2. 人们常把仙鹤和松树绘在一起，作为（　　）的象征。

    A. 贤能　　　　　　　　B. 长寿

    C. 忠贞　　　　　　　　D. 高洁

（二）判断题。

1. 仙鹤嘴巴下部、脖颈下部及腹部曲线轮廓为半圆弧形。　　　　　　　　（　　）

2. 雕刻出的仙鹤的身体要宽、厚。　　　　　　　　　　　　　　　　　　（　　）

3. 雕刻出的仙鹤嘴脖的长度、身体的长度和腿的长度比例接近 1 ∶ 2 ∶ 2。（　　）

二、课后思考

雕刻仙鹤的关键点有哪些？

三、实践活动

以小组为单位，各自制作一款仙鹤盘饰并互相讨论、评价。

项目 3

冷菜制作

冷菜是中式菜肴的重要组成部分，其制作技艺较为复杂，常用的冷菜烹调技艺有拌、炝、煮、酱、卤、冻、酥、腌等，使菜肴在色、香、味、形、质等方面形成独特的风味。

冷菜常以第一道菜入席，很讲究装盘工艺。冷菜优美的形、色，对整桌菜肴的评价有着一定的影响。特别是一些图案装饰冷盘，因其具有欣赏价值，常常使人心旷神怡、兴趣盎然，不仅诱人食欲，而且对活跃宴会气氛起着锦上添花的作用。因此，习惯上将它与热菜烹调技法并列为两大烹调技法。

[教学目标]

【知识教学目标】

1. 知道冷菜部门在日常工作中的任务。
2. 掌握各类冷菜的制作方法。
3. 理解冷菜的调味原理。
4. 理解冷菜的基本拼摆方法。
5. 掌握保管冷菜的方法。
6. 理解冷菜制作的卫生要求。
7. 掌握冷菜营养平衡的要求及具体方法。

【能力培养目标】

1. 能够制作各种常见冷菜，掌握其关键技能。
2. 能够制作特殊冷菜材料，掌握其关键技能。
3. 能够调制各种常见冷菜滋汁，掌握其关键技能。
4. 根据对教学菜品的模仿练习，能够举一反三地制作同类品种菜品。
5. 掌握筵席冷菜的设计及制作能力。

【职业情感目标】

1. 具有安全意识、卫生意识，树立敬业爱岗的职业意识。
2. 提升、培养学生的团队协作能力。

任务1 凉拌三丝

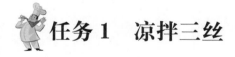

凉拌三丝

[任务布置]

了解拌菜原料质地特点；掌握刀工切配，设备与工具的使用、操作流程，安全生产规则以及在操作环节中的卫生要求；学习冷菜岗位的开档和收档技能；学习原料的初步熟处理及拌制技法。完成菜肴凉拌三丝的烹制过程。

[任务实施]

3.1.1 相关知识准备

凉拌三丝的主料之一是粉丝。史料记载，粉丝的生产已有300多年的历史。

优质的粉丝是选用优质的淀粉为主要原料，在结合传统工艺的基础上，采取现代科技生产而成的。其丝条匀细、纯净光亮、整齐柔韧、洁白透明，烹调时入水即软，久煮不碎不糊，吃起来清嫩适口、爽滑耐嚼、风味独特。

粉丝含丰富的蛋白质、淀粉，与各种蔬菜、鱼、肉、禽、蛋等搭配，可烹调出中、西式家常便菜和宴席佳肴。粉丝春夏秋冬皆可食用，可凉拌、热炒、炖煮、油炸，是家庭及饮食业热烹、凉拌之佳品。

利用淀粉加工粉丝，在我国至少已经有1 400年历史。北魏贾思勰所著《齐民要术》中记载，粉英（淀粉）的做法是浸米→淘去醋气→熟研→袋滤→杖搅→停置→清澄。宋代陈曳达所著《本心斋疏食谱》中写道："碾破绿珠。"此话形象地描述了绿豆粉丝的制作方法。

粉丝的淀粉来源以直链淀粉含量较多的豆类为主，如绿豆、豌豆、蚕豆、豇豆、小豆等，其中以绿豆淀粉的制品最佳，也可用山芋、玉米等为原料制作。上述原料经过浸泡、磨浆、提粉、打糊、漏粉、拉锅、理粉、晾粉、泡粉、挂晒等加工步骤，即可制成粉丝。

3.1.2 工作过程

1）制作准备

（1）原料名称与用量

①主料：熟猪瘦肉100 g、黄瓜150 g、水发粉丝100 g（图3.1—图3.3）。

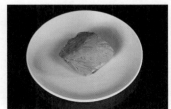  

图3.1 熟猪瘦肉　　　　　　图3.2 黄瓜　　　　　　图3.3 水发粉丝

②调料：精盐2 g、味精1 g、芝麻酱10 g、生抽2 g、香醋10 g、香油10 g（图3.4）。

图3.4 调料（精盐、味精、芝麻酱、生抽、香醋、香油）

（2）相关原料知识

芝麻酱（图 3.5）。

图 3.5　芝麻酱

①质量标准及食用方法。

芝麻酱的色泽为黄褐色，质地细腻，味美，具有芝麻固有的浓郁香气，应不发霉、不生虫。芝麻酱一般用作拌面条、馒头、面包或凉拌菜等的调味品，也是做甜饼、甜包子等的馅心配料。

②保管方法。

用清洁容器盛装，存于阴凉、干燥、清洁处。芝麻酱上层可保持一层浮油，以隔绝空气、抑制微生物繁殖。采用封闭容器盛装，以免吸潮引起油脂败坏。

③适用人群。

一般人群均可食用，尤其适合骨质疏松症、缺铁性贫血、便秘患者食用。

④主要功效。

芝麻味甘、性平，有补中益气、润五脏、补肺气、止心惊、填髓之功效，可用于治疗肝肾虚损、眩晕、肠燥便秘、贫血等症。

混合芝麻酱，富含蛋白质、氨基酸及多种维生素和矿物质，有很高的保健价值。它含有丰富的卵磷脂，可防止头发过早变白或脱落。常吃混合芝麻酱能增加皮肤弹性，令肌肤柔嫩健康；此外，它含有高蛋白和脂肪酸，营养价值高，经常食用有防癌作用。

（3）工具种类

不锈钢工作台、煮锅、调料盒、炒锅、汤桶、调料盒、手勺、漏勺、锅托、油筛、料酒壶、消毒毛巾、筷子、餐巾纸、一次性消毒手套、料盆、餐具、保鲜膜。

（4）操作技法

拌是指将可食的生原料或熟制晾凉的原料，加工切配成较小形状，再加入调味料直接调拌的方法。

拌是冷菜烹调中最普遍、使用范围最广泛的一种方法。一般是把可食生料或凉的熟料改刀加工成丝、条、片、块等小料后，再加入适当的调味品调制，搅和成菜。拌菜的操作过程极为简单，通常是直接将调味料投入原料中，经过一小段时间入味后，即可食用。

拌菜中的荤料大部分是经过煮或烫等工艺后，晾凉后再拌制，但也可热拌而冷吃的，如拌肚丝。拌素菜除用熟料拌制外，还可以用生料拌制。做生料菜时，需将整料用沸水或消毒水洗净，消毒后再改刀拌制。

拌制类冷菜根据原料生熟不同，可分为生拌、熟拌、生熟混合拌 3 种。

①生拌。生拌是将新鲜的可食用原料经刀工处理后，直接加入调味品拌制成菜的制作技法。

生拌的烹饪原料，一定要选择新鲜脆嫩的蔬菜或其他可食的原料，将其先用清水洗净后，再用消毒液洗净，然后切配成形，最后加入调味品拌制。异味偏重的原料需先用盐腌制，排出异味涩水后再行拌制。

②熟拌。熟拌是将新鲜生料加工熟制、晾凉后改刀；或是改刀后烹制成熟原料，加入调味品拌制成菜的技法。

熟拌的烹饪原料，需经过焯水、煮汤，要求沸水下锅，断生即可。然后趁热改刀加入调味品拌匀，否则不易入味。若要保持烹饪原料质地脆嫩和色泽不变，则应从沸水锅中捞出后随即晾开或浸入冷（冰）开水迅速散热。滑油后的冷菜原料，若油分太多可用温开水漂洗，再沥干水分。

③生熟混合拌。生熟混合拌是将生、熟主料和配料切制成形，然后拼摆在盘中，加入调味汁拌匀或淋入调味汁成菜的技法。

生熟混合拌的烹饪原料，其生、熟原料应按一定的比例配制。操作时应注意，熟料一定要凉透后再与生料一起加入调味品拌制，这样才能保证质地脆嫩和色泽不变。

拌菜的用料比较广泛，常见的植物性和动物性原料大多均可使用。但在具体使用时，根据原料性质和对菜肴质量的要求，必须有一定的选择性。在家常拌菜时，大多选用质地鲜嫩、水分充足、气味清新且可生食或水焯后可食的植物性原料，如黄瓜、西红柿、萝卜、香菜、白菜、海带、菠菜、绿豆芽、芹菜、豆腐、粉皮（丝）、小葱、青蒜等。在选择动物性原料时，多用禽、畜类的肌肉组织（即瘦肉组织）、结缔组织（即筋腱膜等部位）及卵（即蛋）、内脏（即心、肝、肺、腰、肾等），海鲜等。

拌菜的注意事项：

a.拌菜用料，生食原料必须先洗净，熟料应完全制熟，盛器要保持清洁，保证食用卫生。

b.原料改刀后形状要细、小，不宜太大，适合入味。

c.需要提前腌制的原料只需放入盐或糖拌匀即可，不要反复搅拌，以免破坏色泽。腌制前要把原料洗净，不能腌制后再漂洗。腌制原料不能存放过久。

d.拌制菜肴装盘和调味后要及时食用，以免时间太久破坏原料的口感。

2）制作过程

（1）原料切配

用直刀法将熟猪瘦肉切配成长度为 5 cm 左右的丝；将洗净、去皮的黄瓜先斜切成 2 mm 左右的片，再直切成丝；将水发好的粉丝斩切两刀。将切配好的 3 种原料分别装入盘中，待用（图 3.6—图 3.8）。

图 3.6 熟猪瘦肉丝

图 3.7 黄瓜丝

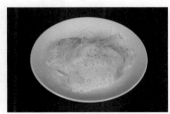
图 3.8 发好的粉丝

技术要点：

①切配熟猪瘦肉时要看清纹路，否则切配出的丝容易断裂。

②在切配熟猪瘦肉丝、黄瓜丝时应注意长短、粗细要均匀一致，否则影响成菜效果。

③斩切粉丝时刀距要宽、刀数要少，粉丝长度不宜过短。

（2）调制调味汁

取一小碗，将精盐2 g、味精1 g、芝麻酱10 g、生抽2 g、香醋10 g、香油10 g分别装入小碗内搅拌均匀，调制成调味汁，待用（图3.9、图3.10）。

图3.9　调制调味汁　　　　　　　　　图3.10　调好的调味汁

技术要点：注意调味汁不宜过咸或过淡，芝麻酱不宜放得过多，要凸显咸酸鲜香、清爽利口的特点。

（3）拌制成菜

将粉丝、黄瓜丝、猪瘦肉丝依次装入盆内，倒入调制好的调味汁，用手抓拌均匀即成（图3.11、图3.12）。

图3.11　倒入调味汁　　　　　　　　　图3.12　拌制菜品

技术要点：拌制成菜时动作要轻，原料搅拌要均匀，使原料表面充分被调味汁包裹，否则影响口味和口感。

（4）装盘

将拌制好的三丝采用"堆"的技法抓入盘中，适当点缀，整理成菜（图3.13、图3.14）。

图3.13　盛装菜品　　　　　　　　　　图3.14　成菜

技术要点：用手抓取原料时动作要轻，清理盘边要干净，点缀要恰当，突出成菜特点。

3.1.3 总结评价

1) 工作过程评价

任务名称	凉拌三丝	工作评价	
工作过程	**准备阶段**	处理完好	处理不当
	工作服穿戴整齐		
	检查安全卫生状况，做好消毒工作，准备用具		
	领料，审定原料数量和质量，填写单据		
	根据菜品要求备齐餐具和盘饰用品		
	菜品制作阶段	处理完好	处理不当
	根据冷菜与烹饪相关岗位要求，互相配合完成		
	运用相关烹饪技法，按照操作要领制作菜肴		
	整理阶段	处理完好	处理不当
	能够对剩余原料进行妥善保管		
	清理工作区域，清洁设备、工具		
	关闭水、电、气、门、窗		

2) 成果评价

项 目 （评分要素）	评价标准	配 分	得 分
刀工	能够根据原料性质采用正确的刀法，丝状粗细、长短均匀一致	10	10
	能够根据原料性质采用比较正确的刀法，但丝状粗细不均匀		7
	不能够根据原料性质采用正确的刀法，丝状不均匀、长短不一		4
品味	咸酸鲜香、清爽利口	15	15
	淡薄无味		10
	过咸		5
色泽	色泽鲜艳	10	10
	色彩暗淡、不清爽		7
	色彩暗淡、有黑点		4
火候	猪瘦肉酥烂	15	15
	猪瘦肉欠火，质地干、硬		12
	猪瘦肉过火，质地成泥状		8
装盘 （8寸圆盘）	主料突出，成形好；盘饰卫生、点缀合理、美观、有新意	5	5
	主料基本突出，成形较好；盘饰生熟不分、点缀过度、较美观、较有新意		3
	主料不突出，偏盘；盘饰生熟不分、点缀过度、不够美观、无新意		1
	总分		

一、课堂练习

（一）选择题。

1.葱又名大葱，可分为（ ）、分葱、胡葱和楼葱4种类型。

　　A.普通大葱　　　　　　　　B.陆地大葱

　　C.北方大葱　　　　　　　　D.京东大葱

2.凉拌三丝的成菜特点是（ ）。

　　A.咸酸鲜香、清爽利口　　　B.色泽鲜艳、酸甜鲜香

　　C.色泽鲜艳、口味浓重　　　D.酸甜鲜香、口味浓重

（二）判断题。

1.拌法是把生的原料或晾凉的熟原料，经切制成小型的丁、丝、条、片等形状后，加入各种调味品，然后调拌均匀的做法。　　　　　　　　　　　　　　　（ ）

2.通常情况下，拌菜是以丝、条、片、小块等基本料形形态出现的，在调味上追求的是浓厚、爽口。　　　　　　　　　　　　　　　　　　　　　　　　　　　（ ）

二、课后思考

哪些原料可以制作拌菜?

三、实践活动

以小组为单位，各自制作凉拌三丝并互相讨论、评价。

任务 2　炝花螺

[任务布置]

　　了解原料的质地、鉴别原料的方法。掌握炝的烹调方法及操作流程。熟练使用制作炝成菜各环节中的烹调工具，了解安全生产规则及在操作环节中的卫生要求；学习冷菜岗位的开档和收档技能。与其他同学合作完成菜肴——"炝花螺"的炝制过程。

[任务实施]

3.2.1　相关知识准备

1）花螺的特点

　　花螺别名皇螺、凤螺、象牙螺、象牙凤螺，在广东俗称"花螺""东风螺""海猪螺"和"南风螺"。其肉质鲜美、酥脆爽口，是国内外市场近年十分畅销的优质海产贝类。花螺属软体动物腹足纲蛾螺科东风螺属，分布于我国东南沿海地区，东南亚及日本也有分布。我国的主要种类有方斑东风螺、泥东风螺和台湾东风螺3种。本菜使用小花螺炝制。

2）营养价值

花螺肉含有丰富的维生素 A、蛋白质、铁和钙，对目赤、黄疸、脚气、痔疮等疾病有食疗作用。

3.2.2 工作过程

1）制作准备

（1）原料名称与用量

①主料：小花螺 300 g（图 3.15）。

图 3.15 小花螺

②配料：青椒 2 g、灯笼椒 2 g、红椒 2 g、香菜 2 g、葱段 10 g、生姜 5 g、大蒜 5 g（图 3.16）。

图 3.16 配料（青椒、灯笼椒、红椒、香菜、葱、姜、蒜）

③调料：白胡椒粉 1 g、精盐 1 g、料酒 5 g、白糖 1 g、美味鲜 3 g、鸡汁 2 g、红油 3 g、花椒油 3 g、清汤 50 g（图 3.17）。

图 3.17 调料（白胡椒粉、精盐、料酒、白糖、美味鲜、鸡汁、红油、花椒油、清汤）

（2）工具种类

不锈钢工作台、调料盒、炒锅、汤桶、调料盒、手勺、漏勺、油筛、消毒毛巾、筷子、餐巾纸、一次性消毒手套、餐具。

（3）操作技法

炝就是把加工成丝、条、片、块等形状的小型原料，经划油或焯水熟制后装入盘中，在原料表面堆上辣椒粉、蒜茸等调味品，再以滚烫的熟花椒油或色拉油浇烫并拌匀成菜的技法。

炝制类菜肴的特点：色泽美观、适应面广、刀工讲究、质地嫩脆、醇香入味。

炝与拌的区别：炝要用滚烫的花椒油或色拉油浇烫原料表面的调味料，拌则不需要。

2）制作过程

（1）刀工处理

①先将青椒、红椒、灯笼椒各切下一片，修去废料，把三片切成丝，再切成丁待用（图3.18—图3.20）。

图3.18　青椒切片

图3.19　青椒切丝

图3.20　青椒、红椒、灯笼椒切丁

②把香菜摘去叶子，香菜柄切成丁待用（图3.21）。

③把葱切段，大蒜头去薄膜，用菜刀用力拍碎（图3.22、图3.23）。

图3.21　香菜柄切丁

图3.22　葱切段

图3.23　蒜压碎

④取生姜修去皮，切成片待用（图3.24）。

上述具体配料成品见图3.25。

图3.24　姜切片

图3.25　配料成品

技术要点：平刀批青椒废料时刀具一定要与砧板保持平衡，才能更好地除去废料。

（2）焯水处理

①锅中加入适量的水，加入料酒、生姜、葱段、大蒜和小花螺烧开，中火煮2 min左右，等小花螺肉明显突出即可捞出待用（图3.26）。

②把青椒丁、红椒丁、灯笼椒丁放在网勺里，用热开水淋3下捞出，放入冰开水浸凉待用（图3.27）。

技术要点：

图 3.26　小花螺焯水　　　　　　图 3.27　青椒、红椒、灯笼椒焯水

a. 小花螺焯水可以选择冷水或热水下锅，葱、姜、蒜、料酒可以除去异味，增加香味。

b. 红椒丁、灯笼椒丁、青椒丁一定要用热水焯，用勺子把热开水淋在原料上，使原料成熟，捞出浸入冰开水迅速冷却，才能保持原料的本色、质地和营养。

（3）调味炝制处理

①将美味鲜、鸡汁、味精、清汤和其他各种调料调入容器中，搅拌均匀（图 3.28、图 3.29）。

图 3.28　调味品加入容器中　　　　图 3.29　调味品搅拌均匀

②把小花螺倒入容器中，再把青椒丁、灯笼椒丁、红椒丁、香菜丁堆在小花螺表面，用滚油浇烫之后搅拌均匀（图 3.30、图 3.31）。

图 3.30　小花螺和配料　　　　　图 3.31　主料、配料、
　　　　倒入容器中　　　　　　　　　调味料搅拌均匀

技术要点：小花螺焯完水应该马上趁热调味，这样调味料容易浸入小花螺肉中，并且调味品和小花螺一定要搅拌均匀，这样才能更加入味。

（4）装盘

把小花螺装入盘中，倒入一点汤汁即可（图 3.32）。

图 3.32　装盘

3.2.3 总结评价

1）工作过程评价

任务名称	炝花螺		工作评价	
工作过程	**准备阶段**		处理完好	处理不当
	工作服穿戴整齐			
	检查安全卫生状况，做好消毒工作，准备用具			
	领料，审定原料数量和质量，填写单据			
	根据菜品要求备齐餐具和盘饰用品			
	菜品制作阶段		处理完好	处理不当
	根据冷菜与烹饪相关岗位要求，互相配合完成			
	运用相关烹饪技法，按照操作要领制作菜肴			
	整理阶段		处理完好	处理不当
	能够对剩余原料进行妥善保管			
	清理工作区域，清洁设备、工具			
	关闭水、电、气、门、窗			

2）成果评价

项 目 （评分要素）	评价标准	配 分	得 分
原料初步处理	青椒丁、红椒丁、灯笼椒丁大小均匀	10	10
	其中有两丁均匀		7
	三丁大小明显不均匀		4
口味	口味咸鲜香辣，质地脆嫩	15	15
	淡薄无味		10
	过咸		5
色泽	小花螺颜色鲜亮，青椒碧绿	10	10
	色彩暗淡，不清爽		7
	色彩暗淡，青、红椒发黑		4
火候	小花螺脆嫩，三丁鲜艳	15	15
	过火，质地软韧		12
	欠过火，没成熟		8
装盘 （8寸圆盘）	主料突出，成形好；盘饰卫生、点缀合理、美观、有新意	5	5
	主料基本突出，成形较好；盘饰生熟不分、点缀过度、较美观、较有新意		3
	主料不突出，偏盘；盘饰生熟不分、点缀过度、不够美观、无新意		1
总分			

[练习与思考]

一、课堂练习

（一）选择题。

1. 炝花螺的成菜特点是（　　）。

　　A. 小花螺颜色鲜亮、青椒碧绿，口味咸鲜香辣、质地脆嫩

　　B. 小花螺颜色鲜亮、青椒暗黄，口味咸鲜香辣、质地脆嫩

　　C. 小花螺颜色发黑、青椒碧绿，口味咸鲜香辣、质地软韧

　　D. 小花螺颜色鲜亮、青椒碧绿，口味咸鲜香辣、质地软韧

2. 炝花螺是采用（　　）技法成菜的。

　　A. 拌　　　　　　B. 煮　　　　　　C. 卤　　　　　　D. 炝

（二）判断题。

1. 炝与拌的区别：拌多用于以花椒油为主的调味品，以上浆、划油的方法为主；炝以焯水、煮、烫的方法为主。　　　　　　　　　　　　　　　　　　　　　　　　　　（　　）

2. 红椒丁、青椒丁、灯笼椒丁焯水时间越长越好，色泽越鲜艳。　　　　　　（　　）

二、课后思考

简述炝花螺的操作过程。

三、实践活动

以小组为单位，制作炝花螺并互相讨论、评价。

任务 3　泡椒凤爪

泡椒凤爪

[任务布置]

　　了解适用于"泡"这一烹调方法的原料的质地及性质，掌握"泡"这一烹调方法及其操作流程。学习后，可以熟练地使用原料进行初步熟处理。通过制作泡椒凤爪，来了解设备、工具的使用方法及冷菜的操作流程、安全生产规则。

[任务实施]

3.3.1　相关知识准备

　　中国是泡菜的故乡。

　　中国泡菜源自四季常青、物产丰富的南方。泡菜讲究将原料在液体内浸泡腌渍并发酵。原料混合腌渍，随时浸泡、分步产出，目的是常食常鲜。泡菜是一年四季的时令美食。成品在液体中完成腌渍发酵，因此周期短，产出的成品表面不带任何敷料杂物，新鲜透亮、清脆爽口，故百姓也称其为洗澡泡菜、跳水泡菜。

　　韩国的泡菜却不需要在液体内浸泡，只是将各种辅料粉碎，揉搓在主料上混合腌渍发酵后一次性产出，所以腌渍周期长、成品表面带敷料杂物。韩国与我国北方的气候相当，受气

候的影响及物产品种的限制，其泡菜的制作目的在于季节性储藏，它与我国北方腌菜、酱菜的原理是一样的，只是在选用辅料上有所不同。

韩国泡菜与中国泡菜唯一的相同之处只是都需要发酵而已。实际上，中国的腌菜、酱菜、激酸菜、糟辣椒等也都有相应的发酵过程，只是因为使用的辅料及发酵的程序和环境不同，使发酵的程度、菌群形成的成分比例有所不同，所以成品表现各异，可它们都不能称为泡菜。真正的泡菜应该是自始至终都在液体中浸泡发酵而成的，这才是泡菜的正确定义。通过以上分析我们可以看出，所谓"韩国泡菜"，只是一种发酵腌菜而已，正确的使用名称应是"韩国腌菜"。

从气候条件分析，我国南方多为亚热带湿润气候，四季温、湿度适宜，物产丰富，具备制作泡菜的自然条件，而高温、冰冻、干燥气候地区都不适宜制作泡菜。韩国气候与我国北方相当，不具备制作泡菜的自然条件。西式泡菜源于中国已被证实，而韩国为证明其泡菜历史的悠久，进行了大量的历史考证，结果恰恰证明了中国泡菜历史悠久，中国是泡菜的故乡。

🌹 3.3.2 工作过程

1）制作准备

（1）原料名称与用量

①主料：鸡爪 500 g（图 3.33）。

图 3.33 鸡爪

②辅料：野山椒制成的泡椒（图 3.34）。

图 3.34 野山椒制成的泡椒

③调料：料酒 10 g、精盐 10 g、白醋 10 g、味精 3 g、花椒 5 g、桂皮 2 g、大料 2 g、蒜及姜适量（图 3.35—图 3.37）。

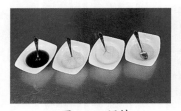

图 3.35 调料
（料酒、精盐、白醋、味精）

图 3.36 香料
（花椒、桂皮、大料）

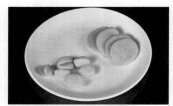

图 3.37 姜片、蒜片

（2）相关原料知识

泡椒，俗称"鱼辣子"，是川菜中特有的调味料。泡椒具有色泽红亮、辣而不燥、辣中微酸的特点，早在前几年，用其制作的泡椒系列菜就在川内比较流行了（图3.38）。

图3.38 泡椒

①泡椒的种类。

一般来说，如今在成都的调味市场上，泡椒大致有3种：一种是二荆条泡辣椒，这种辣椒相对较长，辣味适口，香气足，制作传统川菜鱼香肉丝就离不开它。另一种是子弹头泡辣椒，这种辣椒较短，呈鸡心状，其辣味足，因成形较好，在泡椒菜肴中常整个使用，很少加工成茸或切成小块。还有一种就是墨西哥泡辣椒，这种泡辣椒并不是产自墨西哥，而是从墨西哥引种来的。现在四川雅安一带就有种植，其肉厚，呈长橄榄形，泡制后，可作开胃小菜，但它在泡椒系列菜肴中运用得并不多见。

②泡椒的制作方法。

a. 红辣椒，根据需要准备红辣椒（尖椒或朝天椒），当然，熟透的朝天椒是黄色的。

b. 准备一只足够大的玻璃瓶，最好盖子也是玻璃的，盖子呈锥形，用毛玻璃制作而成。

c. 备料：八角（大料、茴香）少许、桂皮少许、盐少许、冰糖少许（可以使泡椒更脆）、大曲（烧酒、酒酿均可）。

d. 洗净红辣椒，晾干（没有水渍，方可确保不变质）。

e. 将大曲、辣椒、备料全部放入大玻璃瓶中。

f. 注意：若没有去除辣椒蒂，需要用针将辣椒扎一些小洞，有利于酒充分进入辣椒。

g. 密封，隔绝空气，避免泡椒变质。

（3）工具种类

不锈钢工作台、煮锅、调料盒、炒锅、汤桶、调料盒、手勺、漏勺、锅托、油筛、料酒壶、消毒毛巾、筷子、餐巾纸、一次性消毒手套、料盆、餐具、保鲜膜。

（4）操作技法

泡法是将清洗整理后的原料，经刀工处理成小型原料，直接或进行初步熟处理，放入事先调制好的冷汤汁中渗透入味的一种冷菜烹调技法。

泡菜以新鲜的蔬菜、水果等为主要用料，要提前制作好泡汁。菜品会因调味料投放的数量不同而形成不同的风味特色。

泡的制作流程：原料初步加工 → 洗涤 → 改刀 → 原料焯水（或不焯水）→ 装坛 → 另制卤水 → 泡制 → 成菜装盘。

泡的注意事项：

①所用泡制原料必须新鲜，这样泡出的菜品口感才更加脆嫩爽口。

②每次原料使用完毕之后剩余的泡汁可继续使用，但要酌情加入新泡汁。

③原料泡制时间越长，口感及口味越佳。

④泡制时间的长短要依据原料的形状大小、季节来定。一般厚、大的原料泡制时间长一些，薄、小的原料泡制时间短一些；夏天泡制 1 ~ 2 d 即可，冬天泡制 3 d 以上。

⑤取用泡好的原料时要使用专用的工具，以防泡汁变质。如果发现泡坛内的泡汁出现少量的白醭时，加入一些白酒即可去除；如果泡汁出现异味说明已变质，应抛弃，不宜食用。

2）制作过程

（1）原料切配

鸡爪用清水洗净，剁掉指甲。用直刀劈的方法将清洗后的鸡爪劈成小块。泡椒切成 2 cm 长的段，蒜、姜切片（图 3.39—图 3.43）。

图 3.39 剁去鸡爪指尖　　　图 3.40 鸡爪剁成小块　　　图 3.41 切泡椒段

图 3.42 蒜切成片　　　图 3.43 姜切成片

技术要点：直刀劈时不要将原料劈得过大，会影响初步熟处理时间及泡制时间，使成菜时间变慢。泡椒不宜切配得过小，这样会将辣味都散发出来，导致成菜辣味过度。蒜、姜切片不宜过薄。

（2）包制调料包

取干净纱布一块，将花椒 5 g、桂皮 2 g、大料 2 g 包在其中制成调料包备用（图 3.44、图 3.45）。

图 3.44 制作调料包 1　　　图 3.45 制作调料包 2

技术要点：制作调料包要注意各种调味品的比例，为保证煮制过程中调料不松散，在包裹时要用力包紧。

（3）初步熟处理——焯水

锅上火，加入清水，将切配好的鸡爪放入沸水锅中，依次加入调料包、姜、料酒、精盐，大火烧开，撇去浮沫，转至小火，煮 8 min 后捞出，放流水处冲洗（图 3.46—图 3.49）。

图 3.46 焯主料

图 3.47 焯调料

图 3.48 撇去浮沫

图 3.49 捞出透凉

技术要点：焯烫鸡爪时间不宜过长，否则会影响成菜的脆嫩口感。冲淋鸡爪的目的是冲洗掉表面的胶质，以免浸泡时混浊汤汁，而且冲的时间越长鸡爪越白，成品颜色越漂亮。

（4）泡汁制作及泡制过程

盛器中倒入开水，放入花椒、泡椒盖上盖浸泡 10 min，再倒入焯好水的鸡爪，依次加入泡椒水、姜片、蒜片、精盐、味精、白醋混合均匀，盖上盖泡制 4 h 即成（图 3.50、图 3.51）。

图 3.50 制作泡汁

图 3.51 浸泡原料

技术要点：调汁时盐的用量可以尝一下，要偏咸一点，才能更好地入味。要注意浸泡时间不要过短，此菜特点是麻辣味较重，过早捞出口味不够浓重。

（5）装盘

将泡制好的鸡爪用堆的技法，堆于盘中呈圆锥状，整理盘边即成（图 3.52、图 3.53）。

图 3.52 装盘

图 3.53 成菜

技术要点：突出主料，成形较好，盘边洁净无油迹。

🌸 3.3.3 总结评价

1) 工作过程评价

任务名称	泡椒凤爪	工作评价	
工作过程	**准备阶段**	处理完好	处理不当
	工作服穿戴整齐		
	检查安全卫生状况，做好消毒工作，准备用具		
	领料，审定原料数量和质量，填写单据		
	根据菜品要求备齐餐具和盘饰用品		
	菜品制作阶段	处理完好	处理不当
	根据冷菜与烹饪相关岗位要求，互相配合完成		
	运用相关烹饪技法，按照操作要领制作菜肴		
	整理阶段	处理完好	处理不当
	能够对剩余原料进行妥善保管		
	清理工作区域，清洁设备、工具		
	关闭水、电、气、门、窗		

2) 成果评价

项 目 （评分要素）	评价标准	配 分	得 分
刀工	能够根据原料性质采用正确的刀法，原料大小均匀一致	10	10
	能够根据原料性质采用较正确的刀法，但原料大小不够均匀		7
	不能根据原料性质采用正确的方法，原料太小、不均匀、大小不一		4
口味	质地脆嫩，咸酸麻辣适中，具有浓郁的泡椒芳香味	15	15
	质地脆嫩，无酸味，具有较浓郁的泡椒芳香味		10
	过咸或没有泡椒辣味		5
色泽	色泽洁白	10	10
	色彩暗淡，不清爽		7
	色彩暗淡，有黑点		4
火候	鸡爪口感脆嫩、清爽	15	15
	鸡爪欠火，质地干、硬		12
	鸡爪过火，质地软、糯		8
装盘 （8寸圆盘）	主料突出，成形好；盘饰卫生、点缀合理、美观、有新意	5	5
	主料基本突出，成形较好；盘饰生熟不分、点缀过度、较美观、较有新意		3
	主料不突出，偏盘；盘饰生熟不分、点缀过度、不够美观、无新意		1
总分			

一、课堂练习

（一）选择题。

1. 泡椒凤爪所使用的原料为（　　）。

  A. 鸡爪　　　　　B. 鸭爪　　　　　C. 鹅爪　　　　　D. 鸡翅

2. 泡椒凤爪成菜特点是（　　）。

  A. 香甜辣，开胃解腻，提神醒脑，营养丰富

  B. 香麻辣，开胃解腻，提神醒脑，营养丰富

  C. 香鲜辣，开胃解腻，提神醒脑，营养丰富

  D. 香酸辣，开胃解腻，提神醒脑，营养丰富

（二）判断题。

1. "泡"是将清洗整理后的原料，经刀工处理成小型原料，直接或进行初步熟处理后，放入事先调制好的冷汤汁中渗透入味的一种冷菜烹调技法。（　　）

2. 泡椒凤爪的初步熟处理方法是过油。（　　）

二、课后思考

简述泡椒凤爪的制作过程。

三、实践活动

以小组为单位，制作泡椒凤爪并互相讨论、评价。

任务 4　蒜泥白肉

蒜泥白肉

[任务布置]

了解设备、工具的使用及冷菜制作的操作流程、安全生产规则，学习冷菜岗位的开档和收档技能。学习水煮的技法及其正确的操作流程。掌握煮制后调味汁的制作方法。与其他同学合作完成蒜泥白肉的烹制。

[任务实施]

3.4.1　相关知识准备

蒜泥白肉的历史典故。

当今的蒜泥白肉品质与风味均要求肥瘦兼备，肉片匀薄大张，蒜味浓郁，咸辣鲜香并略有回甜。传统用手工切肉片，以表现娴熟的刀工技巧。当然，有的大餐馆、饭店为减轻厨师的劳动强度，也常采用切肉片机加工肉片。

蒜泥白肉的老祖宗是"白肉"。记载"白肉"较早的资料是宋代孟元老的《东京梦华录》、耐得翁的《都城纪胜》等书，但"白肉"的发源地却是在满族同胞聚居的东北地区。袁枚写的《随园食单》说白肉片"此是北人擅长之菜"，"割法须用小刀片之，以肥

瘦相参、横斜碎杂为佳，与圣人'割不正不食'一语截然相反。其猪身肉之名目甚多，满洲'跳神肉'最妙"。

袁枚说满洲跳神肉是白肉中最好的。为什么白肉又叫"跳神肉"呢？原来，满族曾有一种传统大礼——"跳神仪"，无论富人仕宦，其室内必供奉神牌，敬神、祭祖。春秋择日致祭之后，接着就吃跳神肉（也叫阿吗尊肉）。这种跳神肉，"肉皆白煮。例不准加盐酱。甚嫩美"。其吃法乃"自片自食"。"善片者，能以小刀割如掌如纸之大片，兼肥瘦而有之。"

比袁枚小14岁的四川文人李调元在整理他父亲李化楠宦游江南时收集的烹饪资料手稿时，也将江浙一带的"白煮肉法"载入了《醒园录》中。晚清时，"白肉""春芽白肉"则可以在傅崇榘写的《成都通览》所记成都街市餐馆食品名单中看到。上述史料向我们提供了白肉传入四川的路线：北方→中原→江南→四川。

特别值得提到的是，四川人在白肉的烹饪基础上加以蒜泥调味，不仅使白肉更加好吃，而且营养价值也更高。因为蒜所含的蒜素与瘦肉中所含的维生素 B_1 一经结合，就会使维生素 B_1 的原有水溶性变为脂溶性，使它能容易地通过我们体内的各种膜，并使它被吸收的效率上升几倍。可以说，四川的蒜泥白肉是全国各地的白肉菜品中的佼佼者。

🌹 3.4.2　工作过程

1）制作准备

（1）原料名称与用量

①主料：猪五花肉 500 g（图 3.54）。

②配料：小黄瓜 200 g（图 3.55）。

图 3.54　猪五花肉　　　　　　　　　图 3.55　小黄瓜

③调料：

a.复合酱油调料由高汤 200 g、生抽 10 g、红糖 5 g、姜 3 g、茴香 1 g、大料 3 g、香叶 1 g调制而成（图 3.56—图 3.60）。

图 3.56　高汤　　　　　　　图 3.57　生抽　　　　　　　图 3.58　红糖

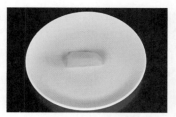

图 3.59　姜

图 3.60　香料（茴香、大料、香味）

　　b. 调味汁调料由复合酱油 20 g、精盐 2 g、味精 2 g、辣椒油 10 g、香油 10 g、蒜 40 g 调制而成（图 3.61—图 3.66）。

图 3.61　复合酱油

图 3.62　精盐

图 3.63　味精

图 3.64　辣椒油

图 3.65　香油

图 3.66　蒜

　　④煮肉调料由葱 15 g、姜 15 g、大料 2 g、料酒 3 g、精盐 10 g 调制而成（图 3.67—图 3.70）。

图 3.67　葱、姜

图 3.68　大料

图 3.69　料酒

图 3.70　精盐

（2）相关原料知识

　　①大蒜的植物形态：多年生草本植物，具强烈蒜臭气。鳞茎大型，有 6 ~ 10 瓣，外包灰白色或淡紫色膜质鳞被。叶基生，实心，扁平，线状披针形，宽约 2.5 cm，基部呈鞘状。

花茎直立，高约60 cm；佛焰苞有长喙，长7～10 cm；伞形花序，小而稠密，具苞片1～3枚，片长8～10 cm，膜质，浅绿色；花小型，花间多杂以淡红色珠芽，长4 mm，或完全无珠芽；花柄细，长于花；花被6枚，粉红色，椭圆状披针形；雄蕊6枚，白色，花药突出；雌蕊1枚，花柱突出，白色，子房上位，长椭圆状卵形，先端凹入，3室。蒴果，1室开裂。种子黑色。花期夏季（图3.71）。

图3.71　大蒜

②营养成分：每100 g大蒜约含水分69.8 g、蛋白质4.4 g、脂肪0.2 g、碳水化合物23.6 g、钙5 mg、磷44 mg、铁0.4 mg、维生素C 3 mg；此外，还含有硫胺素、核黄素、烟酸、蒜素、柠檬醛，以及硒和锗等微量元素。

③注意事项：大蒜性温，阴虚火旺及慢性胃炎溃疡病患者慎食。

④保存方法：大蒜的贮藏方法很多，根据贮藏目的及条件，可使用挂藏、堆藏、埋藏、辐射贮藏、化学药剂处理贮藏等方法。现具体介绍挂藏及堆藏法。

a.挂藏法：大蒜收获时，对准备挂藏的大蒜要严格挑选，去除那些过小、茎叶腐烂、受损伤和受潮的蒜头。然后将大蒜摊在地上晾晒至茎叶变软发黄、外皮变干。最后选择大小一致的50～100头大蒜编辫，挂在阴凉通风遮雨的屋檐下，风干保存。

b.堆藏法：大蒜收获后，去除散瓣、虫蛀、带有霉变及受伤的蒜头，以免雨淋腐烂。过一周左右，再进行第二次放风。这样反复进行两次，使大蒜全部干燥。然后转移到室内通风处，堆放在贮藏库或大竹筐内，保持低湿、凉爽的条件，并经常检查。

（3）工具种类

不锈钢工作台、煮锅、调料盒、炒锅、汤桶、调料盒、手勺、漏勺、锅托、油筛、料酒壶、消毒毛巾、筷子、餐巾纸、一次性消毒手套、料盆、餐具、保鲜膜。

（4）操作技法

白煮是将加工整理的生料放入清水中，烧开后改用中小火长时间加热成熟，冷却后切配装盘，配调味料（拌食或蘸食）成菜的冷菜制作技法。

白煮与热菜中的煮基本相同，区别在于冷菜的白煮大多是大件料，汤汁中不加咸味调料，取料而不用汤。原料冷却后经刀工处理装盘，另跟味碟上席。白煮菜的特点是白嫩鲜香，突出本味，清淡爽口。

白煮菜调味与烹制分开，故操作相对简单，容易掌握。但在煮的时候，仍需掌握火候，因为原料性质、形状各不相同，成菜要求也不同，所以要分别对待。比如有些鲜嫩的原料应沸水下锅，水再沸时即离火，将原料浸熟；而有的原料形体较大，烧煮时就该用小火长时间地焖煮。一般来说，白煮菜以熟嫩为多、酥嫩较少，故原料断生即可捞出。

大锅煮料时，往往是多料合一锅，要随时将已成熟的原料取出。为使原料均匀受热，还要注意不使原料浮出水面。有些原料煮好后也可任其浸于汤汁中，临装盘时才取出改刀。

2）制作过程

（1）原料整理

将冲洗干净的猪五花肉进行检查并刮去肉皮表面的鬃毛（图3.72）。

图3.72 猪五花肉去鬃毛

技术要点：注意肉皮表面的污物和鬃毛要刮洗干净，不要将肉皮刮破。

（2）原料切配

将整块五花肉改成宽度为12 cm的大块。将姜切片，葱切段，蒜用捣蒜罐捣成蒜泥，待用（图3.73—图3.77）。

图3.73 切制五花肉条

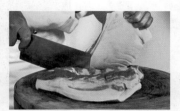

图3.74 五花肉切成条

图3.75 切配姜片

图3.76 切制葱段

图3.77 捣蒜泥

技术要点：因五花肉加热后会收缩，改刀时块应宽一些。又因五花肉需长时间加热，故姜应切厚片，葱应切长段。

（3）五花肉成熟过程——煮

锅上火，加入大量清水后将五花肉下入冷水锅中，加入葱15 g、姜15 g、大料2 g、料酒3 g、精盐10 g。旺火烧开，撇去浮沫，转为小火，煮制50 min，待原料成熟后捞出装盘，自然冷却后备用（图3.78—图3.82）。

图3.78 五花肉下锅水煮

图3.79 放入调味品

图3.80 撇去锅中浮沫

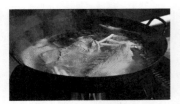
图 3.81 小火煮制五花肉

图 3.82 五花肉冷却

技术要点：在煮制五花肉时要冷水入锅，大火烧开，小火慢煮。注意原料煮制时间不宜过长或过短，以免影响菜肴口感。煮制时精盐不宜放得过多，以免影响最终成菜调味。

（4）调制复合酱油

锅上火，依次加入高汤 200 g、生抽 10 g、红糖 5 g、姜片 3 g、茴香 1 g、大料 3 g、香叶 1 g，用小火慢慢熬煮 5 min 后，用细网筛过滤掉姜片、茴香、香叶，留取净汁备用（图 3.83—图 3.86）。

图 3.83 投料

图 3.84 熬制

图 3.85 过滤

图 3.86 冷却

技术要点：为避免复合酱油熬干、熬煳，高汤量应一次添足，熬煮时应用微小火。

（5）调制跟碟调味汁

取一小碗，依次放入复合酱油 20 g、精盐 2 g、味精 2 g、辣椒油 10 g、香油 10 g、蒜泥 40 g，搅拌均匀后制成跟碟调味汁待用（图 3.87、图 3.88）。

图 3.87 调制跟碟调味汁

图 3.88 跟碟调味汁成品

技术要点：为凸显蒜香浓郁的调味特点，调制调味汁时蒜泥用量要大一些。要注意复合酱油的用量，不要影响成菜颜色。掌握精盐用量，以免造成成菜过咸。

（6）切配装盘

将洗净的小黄瓜切成厚约 0.25 cm、长约 12 cm 的片，用排的手法整齐地码入盘中垫底；

再将煮好的五花肉切成厚约 0.25 cm、长约 10 cm 的片，用排的方法整齐地覆盖在黄瓜片上。配上事先调好的跟碟调味汁，整理盘边，点缀成菜（图 3.89—图 3.92）。

图 3.89　切制五花肉片 1

图 3.90　切制五花肉片 2

图 3.91　码摆五花肉片

图 3.92　成菜

技术要点：切配主料、配料时应注意大小、薄厚一致。为使菜品美观，应将排摆好的主料、配料修饰两端后再码入盘中。主料排摆时，应肉皮朝上。

3.4.3　总结评价

1）工作过程评价

任务名称	蒜泥白肉	工作评价	
工作过程	**准备阶段**	处理完好	处理不当
	工作服穿戴整齐		
	检查安全卫生状况，做好消毒工作，准备用具		
	领料，审定原料数量和质量，填写单据		
	根据菜品要求备齐餐具和盘饰用品		
	菜品制作阶段	处理完好	处理不当
	根据冷菜与烹饪相关岗位要求，互相配合完成		
	运用相关烹饪技法，按照操作要领制作菜肴		
	整理阶段	处理完好	处理不当
	能够对剩余原料进行妥善保管		
	清理工作区域，清洁设备、工具		
	关闭水、电、气、门、窗		

2）成果评价

项 目 （评分要素）	评价标准	配 分	得 分
刀工	做到肉片长约 7 cm、宽约 3 cm、厚约 0.2 cm	10	10
	肉片薄厚均匀，但不标准		7
	肉片不均匀，长短不一		4
口味	香辣鲜美，蒜味浓厚	15	15
	淡薄无味		10
	过咸		5
色泽	色泽暗红，明亮诱人	10	10
	色彩暗淡，不清爽		7
	色彩暗淡，有黑点		4
火候	五花肉爽脆嫩滑，肥而不腻	15	15
	五花肉欠火，质地干、硬		12
	五花肉过火，质地软糯		8
装盘 （8寸圆盘）	主料突出，成形好；盘饰卫生、点缀合理、美观、有新意	5	5
	主料基本突出，成形较好；盘饰生熟不分、点缀过度、较美观、较有新意		3
	主料不突出，偏盘；盘饰生熟不分、点缀过度、不够美观、无新意		1
总分			

[练习与思考]

一、课堂练习

（一）选择题。

1. 制作蒜泥白肉应选用（ ）。

    A. 猪五花肉   B. 猪外脊

    C. 猪里脊   D. 猪底板肉

2. 切配煮制好的猪五花肉应用（ ）。

    A. 推刀法   B. 直刀切

    C. 上片   D. 下片

（二）判断题。

1. 白煮是将加工整理的生料放入清水中，烧开后改用中小火长时间加热煮熟，冷却切配装盘，配调味料（拌食或蘸食）成菜的冷菜技法。 （ ）

2. 蒜泥白肉的风味特点是五花肉色泽洁白、调味汁红润，口味蒜味浓郁、咸辣鲜香，口感香辣鲜美、爽脆嫩滑、肥而不腻。 （ ）

二、课后思考

简述蒜泥白肉的制作过程。

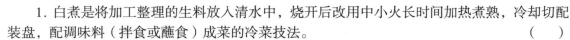

三、实践活动

以小组为单位，各自制作蒜泥白肉并互相讨论评价。

任务 5 卤豆干

卤豆干

[任务布置]

了解卤制设备、工具的使用、操作流程、安全生产规则及在操作环节中的卫生要求。学习原料的初步熟处理及卤制技法。掌握老卤的应用和保存方法。与其他同学合作完成菜肴卤豆干的烹制过程。

[任务实施]

3.5.1 相关知识准备

（1）卤豆干的由来与发展

据考证，卤豆干已有 80 多年的历史。卤汁豆干精选上等原料，配以优质辅料，使用传统技法和先进工艺生产而成。它卤汁丰富、口感咸鲜、软糯适中、微带甜口、风味独特。

如今，已发展出不同口味，不同制作过程，不同主、辅料兼有的多种卤豆干制品，如麻辣豆干、五香豆干、香卤豆干茄脯、香菇卤豆干等。这些多种风味的卤制品深受老百姓的喜爱，成为饭店、家庭、旅游中不可缺少的主、辅原料。

（2）卤水制作

以制作一锅 12.5 kg 的卤水为例，介绍红卤水制作方法。

①调味料：精盐 300 g、冰糖 250 g、老姜 500 g、大葱 300 g、料酒 100 g、鸡精及味精各适量。

②香料：山奈 30 g、八角 20 g、丁香 10 g、白蔻 50 g、茴香 20 g、香叶 100 g、白芷 50 g、草果 50 g、香草 60 g、橘皮 30 g、桂皮 80 g、荜拨 50 g、千里香 30 g、香茅草 40 g、排草 50 g、干辣椒 50 g（可依各地口味而定）。

③汤原料：鸡骨架 3 500 g，筒子骨 1 500 g。

④制作方法如下。

a. 将鸡骨架、猪筒子骨（锤断）用冷水汆煮至水开，去其血沫，用清水清洗干净。重新加水，放老姜（拍破）、大葱（留根全长）。烧开后，应用小火慢慢熬（用小火熬是清汤，用旺火熬是浓汤），熬成卤汤待用。

b. 用油炒制糖色。冰糖先处理成细粉状，锅中放少许油，下冰糖粉，用中火慢炒。待糖由白变黄时，改用小火；糖油呈黄色起大泡时，端离火口继续炒（时间要快，否则易变苦），再上火，炒至由黄变深褐色。当糖油由大泡变小泡时，加冷水少许，再用小火炒至去煳味时，即为糖色（糖色要求不甜、不苦、色泽金黄）。

c. 香料拍破或者改刀，用香料袋包好打结。先单独用开水煮 5 min，捞出放到卤汤中，加盐和适量糖色，用中小火煮出香味，制成卤水。

🌹 3.5.2　制作过程

1）制作准备

（1）原料名称与用量

①主料：北豆腐 500 g（图 3.93）。

图 3.93　北豆腐

②调料：鲜高汤 3 L、姜 10 g、葱 10 g、老抽 10 g、精盐 30 g、味精 3 g、冰糖 50 g、料酒 20 g、生抽 10 g（图 3.94—图 3.101）。

图 3.94　鲜高汤

图 3.95　姜、葱

图 3.96　老抽

图 3.97　精盐

图 3.98　味精

图 3.99　冰糖

图 3.100　料酒

图 3.101　生抽

③卤料包：山奈 3 g、茴香 2 g、大料 2 g、草果 3 g、丁香 1 g、香叶 2 g、桂皮 3 g、白芷 1 g（图 3.102）。

图 3.102　香料（山奈、茴香、大料、草果、丁香、香叶、桂皮、白芷）

（2）相关原料知识

①荜拨：胡椒科多年生藤本植物。叶子成卵状心形，雌雄异株，浆果卵形。味道辛辣，有特异香气。原产热带地区，我国广东、广西、云南一带有栽培（图 3.103）。

图 3.103　荜拨

荜拨的功效与作用：荜拨温胃暖肾，性热；归脾、胃、大肠经，用于胃寒引起的腹痛、呕吐、腹泻、冠心病、心绞痛、神经性头痛及牙痛等。

荜拨不适合人群：阴虚火旺者禁服。

②香茅草：香茅草是生长在亚热带的一种茅草香料，含天然柠檬香味，有和胃通气、醒脑提神的功效。傣家人最爱用香茅草做调味料，用其把腌制入味的鲫鱼、罗非鱼捆裹好，用木炭小火慢烤至鱼熟透，食之味道鲜嫩奇香（图 3.104）。

图 3.104　香茅草

利用部分：以叶片为主，用于提炼精油时则叶鞘也可利用。

风味特征：柠檬香气甚浓。

香茅草利用方式：可代替柠檬放入饮用水中，即制成柠檬味水；叶片可制成很棒的干燥花材，能持续散发柠檬香。

香茅草药理作用：平喘、止咳、抗菌等。

（3）工具种类

炒锅、汤桶、调料盒、手勺、手铲、漏勺、水舀、油盐子、锅托、油筛、马斗、炊笊、调料壶、消毒毛巾、筷子、餐巾纸、一次性消毒手套、料盆、餐具、保鲜膜等。

（4）操作技法

①汤卤的调制。卤菜的色、香、味完全由卤汤决定，卤分红卤和白卤两种。

常用的调料有红酱油、红曲米、黄酒、冰糖、白糖、盐、葱结、姜片、味精，以及大小茴香、桂皮、甘草、草果、花椒、丁香、沙姜等。通常将这些香料装入纱布袋里，与其他调料一起加清水或高汤熬制，即成卤水。

各种卤水调料配比、口味、色泽随地区而异。但有几点相同：第一次卤原料时应先将卤汤熬制一定时间，随后才能下料。卤汁反复使用的时间越久，卤制出的菜肴的味道就越香鲜。

②原料入卤锅前应先去除血腥异味。尤其是动物性原料，多少都带有血腥异味。因此，在卤制前，应先通过走油或焯水处理。前者可使原料在卤制时易上色，后者易去除原料的血污和异味。

③卤煮时一定要掌握成熟度，加热要恰到好处。

用卤锅卤制菜肴时都是大批量进行，一桶卤水中往往同时要卤制好几种原料或好几个同种原料。同种原料之间存在着个体差异，不同种类的原料差异更大，这就给操作带来了一定的难度。因此，我们应该注意如下几点。

a.要分清原料的老嫩，老的放在桶（或锅）底，嫩的放在面上。

b.要注意随好随捞，不能烧过头或者不够酥烂。

c.如果原料过多，为防止紧贴桶（锅）底的原料烧焦，可以在桶底垫锅衬。

d.正确掌握火候，要求熟嫩的原料用中火，要求酥烂的原料用小火。

e.保存好老卤汁。制成的卤汁，卤制原料越多、时间越长、质量越高。这是因为卤汁中鲜味物质越积越多，具有醇美香郁的复合味道。

2）制作过程

（1）原料加工

将豆腐改刀成长约 3.5 cm、宽约 2.5 cm、厚约 1 cm 的长方片。葱切成长段，姜切成厚片（图 3.105、图 3.106）。

图 3.105　豆腐片　　　　　　　　图 3.106　姜片、葱段

技术要点：豆腐切片时应去除豆腐老皮，切好的豆腐片大小、薄厚要均匀一致，不可将豆腐片切碎。

（2）卤料包制作

取干净纱布一块，将前面提到的卤料包在其中，制成卤料包备用（图 3.107、图 3.108）。

图 3.107　包制香料

图 3.108　系紧卤料包

技术要点：制作卤料包要注意各种调味品的比例，为保证卤制调料包调料不松散，在包裹时要用力包紧。

（3）初步熟处理——炸

锅内放宽油，大火烧至 6 成热左右时，将切好的豆腐逐片下入油锅中，炸至表皮变硬、呈金黄色时捞出，备用（图 3.109、图 3.110）。

图 3.109　炸制豆腐片

图 3.110　已炸好的豆腐片

技术要点：为确保菜肴颜色，在炸制豆腐片时，投放原料手要轻、动作要快，适当改变火力大小。下锅后应用手勺轻轻推动原料，防止原料相互粘连。

（4）卤制成菜

锅上火，依次加入高汤 3 L、姜片 10 g、卤料包、葱段 10 g、老抽 10 g、精盐 30 g、味精 3 g、冰糖 50 g、料酒 20 g、生抽 10 g。水烧开后，转小火，将卤汤卤制 5 min 后，下入炸好的豆腐片。卤汤开锅后转小火，卤制 2 h，捞出调味包、葱段、姜片，将豆腐整齐地码入方盘中，浇入原汤，浸泡至原料自然冷却，备用（图 3.111—图 3.115）。

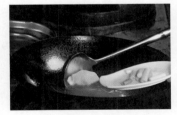
图 3.111　投放调料 1

图 3.112　投放调料 2

图 3.113　撇去浮沫

图 3.114　捞出

图 3.115　浸泡

技术要点：卤汤应一次性加足。为达到成品色泽要求，应注意控制卤汤颜色。为达到成品质感要求，卤制时切记应用小火，确保加热时间。浸泡时间越长，原料滋味越浓郁。

（5）**装盘**

将卤制好的豆干从浸泡汤中取出，逐层码摆于盘中，成塔状。整理盘边，点缀即成（图3.116、图3.117）。

图 3.116　码摆　　　　　　　　图 3.117　成菜

技术要点：夹取豆腐干时，动作要轻、手要稳，防止豆腐干破碎。

3.5.3　总结评价

1）工作过程评价

任务名称	卤豆干	工作评价	
工作过程	**准备阶段**	处理完好	处理不当
	工作服穿戴整齐		
	检查安全卫生状况，做好消毒工作，准备用具		
	领料，审定原料数量和质量，填写单据		
	根据菜品要求备齐餐具和盘饰用品		
	菜品制作阶段	处理完好	处理不当
	根据冷菜与烹饪相关岗位要求，互相配合完成		
	运用相关烹饪技法，按照操作要领制作菜肴		
	整理阶段	处理完好	处理不当
	能够对剩余原料进行妥善保管		
	清理工作区域，清洁设备、工具		
	关闭水、电、气、门、窗		

2）成果评价

项　目（评分要素）	评价标准	配　分	得　分
刀工	豆腐干长约 4 cm、宽约 2.5 cm、厚约 1 cm	10	10
	薄厚均匀，大小一致		7
	不均匀，长短不一		4

项　目 （评分要素）	评价标准	配　分	得　分
口味	咸鲜适中，香味浓郁	15	15
	淡薄无味		10
	过咸		5
色泽	色泽红润	10	10
	色彩暗淡，不清爽		7
	色彩暗淡，有黑点		4
卤汁	卤汁适中	5	5
	过多		3
	过干		1
火候	豆腐干口感软韧	10	10
	豆腐干过火，质地干、硬		7
	豆腐干欠火，韧度不够		4
装盘 （8寸圆盘）	主料突出，盘边无油迹，成形好；盘饰卫生、点缀合理、美观、有新意	5	5
	主料基本突出，成形较好，盘边无油迹；盘饰生熟不分、点缀过度、较美观、较有新意		3
	主料不突出，偏盘，盘边有油迹；盘饰生熟不分、点缀过度、不够美观、无新意		1
总分			

[练习与思考]

一、课堂练习

（一）选择题。

1. 卤豆干选用（　　）。

　　A. 日本豆腐　　B. 北豆腐　　　C. 内酯豆腐　　　D. 鸡蛋豆腐

2. 卤制豆腐时一定要用（　　）。

　　A. 旺火转中火　　　　　　B. 中火转旺火

　　C. 旺火转小火　　　　　　D. 微火

3. 卤水的保管方法一般是（　　）。

　　A. 定期清理残渣碎骨

　　B. 定期添加调料和更换香料

　　C. 要使用专门工具和卤后撇油

D. 定期清理残渣碎骨、定期添加调料和更换香料，要使用专门工具和卤后撇油

（二）判断题。

1. 卤是原料在事先调制好的卤汁中煮的方法。卤分红卤和白卤两种。　　　（　　）

2. 制成的卤汁，卤制原料越多、时间越长、质量越差。　　　　　　　　　（　　）

3. 卤好菜肴之后，要烧沸，撇去浮油，并置阴凉处，特别要注意不可放在灶台上或炉子旁，防止细菌在一定温度下加速繁殖。　　　　　　　　　　　　　　　　　　　（　　）

二、课后思考

1. 老卤的价值这样高，那么在具体操作上，应该怎样保管？

2. 简述制作卤水的香料有哪些。

三、实践活动

以小组为单位，制作卤豆干并互相讨论、评价。

任务6　酱牛肉

酱牛肉

[任务布置]

掌握酱的烹调技法及操作流程，了解适用"酱"技法的原料特点。熟悉不同酱汁的制作方法。掌握刀工切配知识。明确在生产制作过程中的卫生要求。能够熟悉在制作过程中各种冷菜制作工具的使用及保管知识。

[任务实施]

3.6.1　相关知识准备

传说酱牛肉起源于清康熙四十年（1701）的北京城。当时，一个山东书生上京赶考，结果名落孙山，盘缠也已用得差不多了。于是，他便合计做个买卖，边赚钱糊口边读书考取功名，就在西单牌楼附近开设了一家熟肉店。由于味好量足，买卖越做越红火，他还在当地娶了老婆。一天夜里，小两口边守着炉灶煮牛肉，边喝酒聊天。由于生意好，两人高兴就多喝了点，不知不觉竟睡着了。当他们醒来时，肉已塌烂在锅中，起出锅来，肉已软烂如泥。看着已成了"汁"的肉汤，他夫人便想了一个办法，将"肉汁"涂到牛肉上，然后绷好，放到盘子里放凉后出售。人们吃后，反而觉得牛肉更加鲜美，从此，一传十，十传百，购买者越来越多，生意更加兴隆，两位掌柜就把这种煮牛肉的配料方法固定了下来。有一天康熙微服私访路经此地，闻到一股牛肉香味远远飘了过来，就叫手下买了一块，吃到嘴里觉得香嫩熟烂、肥而不腻、瘦而不柴，不由得大呼"此肉尚品"。

3.6.2 工作过程

1）制作准备

（1）原料名称与用量

①主料：牛腱子肉 1 500 g（图 3.118）。

图 3.118 牛腱子肉

②调料：酱料包 1 个（香叶 2 g、花椒 5 g、丁香 2 g、茴香 3 g、香橘皮 4 g、甘草 5 g、桂皮 5 g、大料 4 g）、葱 50 g、姜 30 g、精盐 25 g、白糖 10 g、五香粉 10 g、老抽 20 g、生抽 10 g、味精 5 g、料酒 20 g（部分调料见图 3.119—图 3.126）。

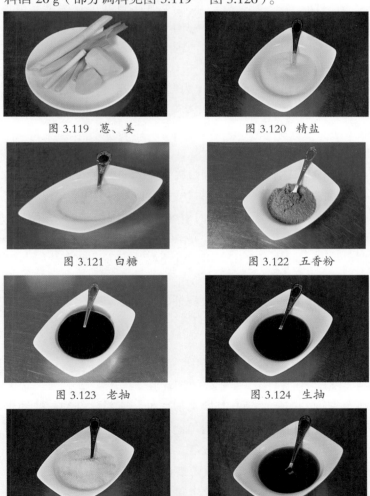

图 3.119 葱、姜　　　　　　　　图 3.120 精盐

图 3.121 白糖　　　　　　　　图 3.122 五香粉

图 3.123 老抽　　　　　　　　图 3.124 生抽

图 3.125 味精　　　　　　　　图 3.126 料酒

（2）相关原料知识

桂皮，又称肉桂、官桂或香桂，为樟科植物天竺桂、细叶香桂、肉桂或川桂等树皮的通称。本品为常用中药，又为食品香料或烹饪调料。商品桂皮的原植物比较复杂，有十余种，均为樟科樟属植物，各地常用的主要有桂树、钝叶桂、阴香及华南桂等。各品种桂皮在西方被用作香料；中餐里用来给炖肉调味，是五香粉的成分之一。桂皮主要产于广东、广西、浙江、安徽、湖北等地，其中以广西产量较大且质好。产地也有采用鲜桂叶进行调味的做法（图3.127）。

图 3.127　桂皮

桂皮分桶桂、厚肉桂、薄肉桂3种。桶桂为嫩桂树的皮，质细、清洁、甜香、味正、呈土黄色，质量最好，可切碎做炒菜的调味品；厚肉桂皮粗糙、味厚、皮色呈紫红，炖肉用最佳；薄肉桂外皮微细、肉纹细、味薄、香味少，表皮发灰色，里皮红黄色，用途与厚肉桂相同。

桂心是肉桂中的一种，一般来说，肉桂为桂树的皮，干燥后为桶状，称"桂桶"。"桂心"系去掉外层粗皮的"桂桶"，也写作"桂辛"，跟"肉桂"的疗效近似。

桂皮营养分析。

①桂皮香气馥郁，可使肉类菜肴祛腥解腻，令人食欲大增。

②菜肴中适量添加桂皮，有助于预防或延缓因年老而引起的Ⅱ型糖尿病。

③桂皮中含苯丙烯酸类化合物，对前列腺增生有治疗作用。

挑选桂皮：优质桂皮外表呈灰褐色，内里赭赤色，用口嚼时，以有先甜后辛辣味道的为佳。

桂皮适合人群：一般人群均可食用，不适宜便秘、痔疮患者、孕妇食用。

（3）工具种类

不锈钢工作台、煮锅、调料盒、炒锅、汤桶、调料盒、手勺、漏勺、锅托、油筛、料酒壶、消毒毛巾、筷子、餐巾纸、一次性消毒手套、料盆、餐具、保鲜膜。

（4）操作技法

酱是将经腌制或焯水后的原料放入酱汤中，先用旺火烧沸，再用小火煮至酥烂的烹调技法。酱制好的酱品要浇上用原酱汤小火熬浓的汤汁。

酱的要领与热菜烹调的烟烧要领有某些类似之处。原料先经炮制或焯水、炸制，然后加各种香料、调料焖烧，最后将卤汁收浓，均匀地粘裹在原料表面。酱制菜的胯制采用盐和香料，以增加成菜干香的质感和使肌肉颜色发红。酱制菜肴一般都是现做现酱不留老卤，原料的形体一般都比较大，酱制完结待冷却后改刀装盘上席。

酱制菜肴时应掌握以下几项操作的关键步骤。

①原料在酱制以前，以硝腌的一定要掌握用硝量，不可为追求肉色红、肉质香而盲目多加，这样一则会影响口感，产生一种涩味；二则硝可转化为名叫亚硝胺的致癌物质。如用炸制，则油温应高一些，炸的时间要短一些。为了颜色更为鲜亮，也可先以少量酱油涂抹原料皮面，油炸后使原料先有一个金红色的底色，酱制后菜肴的颜色则更为鲜艳。

②酱制菜肴在操作时往往是大批量同时烧煮的，因此，原料选择要尽可能挑选老嫩程度相仿、形体相近的。若有不同质地原料同锅酱制，在前几个加热阶段中可以同时加热，到收稠卤汁阶段则一定要分锅操作，以保证原料的成熟度、耐嫩程度及颜色相符。在酱制过程中香料还应翻动一两次，使原料上色均匀。

③原料数目多且同锅操作时，应在下料前在锅底垫上锅衬，以防焦底。原料加入后要先用旺火烧开，随后转小火，保持汤汁微滚状况。到原料基本成熟或已软烂时，再转旺火，并用勺子不停地将卤汁浇淋在原料身上，使之均匀上色。

2）制作过程

（1）原料加工切配

将清洗干净的牛腱子肉去除表皮筋膜后，切成大块。将葱拍松，姜切厚片（图 3.128—图 3.130）。

图 3.128　牛肉去除筋膜

图 3.129　牛肉切成大块

图 3.130　葱段、姜片

技术要点：切配牛肉块时应顺筋膜和肉的纹路进行改刀，肉块要大些。

（2）酱料包制作

取干净纱布一块，将香叶 2 g、花椒 5 g、丁香 2 g、茴香 3 g、香橘皮 4 g、甘草 5 g、桂皮 5 g、大料 4 g 包在其中，制成酱料包备用（图 3.131、图 3.132）。

图 3.131　制作调料包 1

图 3.132　制作调料包 2

技术要点：制作酱料包时要注意各种调味品的比例，为保证煮制时调料包调料不松散，在包裹时要用力包紧。

（3）初步熟处理——焯水

锅上火，放入大量清水，将改刀好的牛肉放入冷水锅中焯烫，撇去浮沫，待牛腱子肉表皮变色后，捞出待用（图 3.133、图 3.134）。

图 3.133 焯烫　　　　　　　　图 3.134 捞出待用

技术要点：焯水的目的是去除牛腱子肉中的杂质、血水和异味。但焯水时间不宜过长，否则会影响原料的鲜味。

（4）酱制成菜

酱锅（桶）中放入清水，依次放入酱料包、葱段 50 g、姜片 30 g、精盐 25 g、白糖 10 g、五香粉 10 g、老抽 20 g、生抽 10 g、味精 5 g、料酒 20 g，勾兑成酱汤。将焯水后的牛腱子肉放入锅内，旺火烧开，转至小火，盖上锅盖，酱煮 90 min 左右。待牛腱子肉质地酥烂时关火，用原汤浸泡至原料自然冷却即可（图 3.135—图 3.139）。

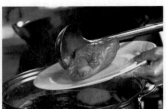

图 3.135 投入调料　　　　图 3.136 制作酱汤　　　　图 3.137 投入主料

图 3.138 捞出酱好的牛肉　　　　图 3.139 自然冷却

技术要点：为符合成菜色泽要求，调制汤汁时应注意老抽的用量。根据对原料质地的老嫩要求确定酱煮时间的长短。原汤浸泡可进一步增加原料的鲜美滋味。

（5）装盘

将酱制好的酱牛肉用锯切的方法切成厚约 2 mm 的薄片，整齐地排码在盘子内。整理盘边，点缀成菜（图 3.140—图 3.142）。

图 3.140 将牛腱子肉切片　　　图 3.141 拼摆入盘　　　　图 3.142 成菜

技术要点：切配时应注意成品薄厚均匀一致，排放要整齐，盘边洁净无油渍。

3.6.3 总结评价

1）工作过程评价

任务名称	酱牛肉	工作评价	
	准备阶段	处理完好	处理不当
工作过程	工作服穿戴整齐		
	检查安全卫生状况，做好消毒工作，准备用具		
	领料，审定原料数量和质量，填写单据		
	根据菜品要求备齐餐具和盘饰用品		
	菜品制作阶段	处理完好	处理不当
	根据冷菜与烹饪相关岗位要求，互相配合完成		
	运用相关烹饪技法，按照操作要领制作菜肴		
	整理阶段	处理完好	处理不当
	能够对剩余原料进行妥善保管		
	清理工作区域，清洁设备、工具		
	关闭水、电、气、门、窗		

2）成果评价

项 目 （评分要素）	评价标准	配 分	得 分
刀工	牛肉片薄厚均匀、大小一致	10	10
	牛肉片薄厚均匀，但不标准		7
	牛肉片不均匀、长短不一		4
口味	五香味浓郁，咸鲜略甜	15	15
	淡薄无味		10
	过咸		5
色泽	色泽红润，明亮诱人	10	10
	色彩暗淡，不清爽		7
	色彩暗淡，有黑点		4
火候	牛肉片质地酥烂	15	15
	牛肉片欠火，质地干、硬		12
	牛肉片过火，质地软、糯		8
装盘 （8寸圆盘）	主料突出，成形好；盘饰卫生、点缀合理、美观、有新意	5	5
	主料基本突出，成形较好；盘饰生熟不分、点缀过度、较美观、较有新意		3
	主料不突出，偏盘；盘饰生熟不分、点缀过度、不够美观、无新意		1
总分			

[练习与思考]

一、课堂练习

（一）选择题。

1. 酱牛肉最好选用（　　）制作。

　　A. 牛腱子肉　　　　　　B. 牛外脊　　　　　　C. 牛胸肉　　　　D. 牛眼肉

2. 酱牛肉的风味特点是（　　）。

　　A. 色泽美观，咸香鲜美，营养滋补

　　B. 色泽红润，五香味浓郁，咸鲜略甜

　　C. 咸辣鲜香回甜，口感香辣鲜美

　　D. 咸鲜香辣回甜，酱香味浓

（二）判断题。

1. 在酱制过程中原料要沸水下锅。　　　　　　　　　　　　　　　　　　（　　）

2. 酱是将经腌制或焯水后的原料放入酱汤中，先用旺火烧沸，再用小火煮至酥烂的烹调技法。酱制好的酱品要浇上用原酱汤小火熬浓的汤汁。　　　　　　（　　）

二、课后思考

简述酱牛肉的操作过程。

三、实践活动

以小组为单位，制作酱牛肉并互相讨论、评价。

任务 7　皮　冻

皮冻

[任务布置]

掌握冻的烹调技法及操作流程，了解适用冻技法的原料特点。熟悉原料成冻的原理。掌握刀工切配知识。了解设备、工具的使用方法及冷菜制作的操作流程、安全生产规则，学习冷菜岗位的开档和收档技能。明确在生产制作过程中的卫生要求。

[任务实施]

3.7.1　相关知识准备

1）皮冻的形成原理

猪皮中的蛋白质主要是胶原蛋白，它是由许许多多的 α-氨基酸构成 α-螺旋肽链再构成的。3 个 α-螺旋肽链缠绕在一起，由它的副键保持形成特定的空间结构，成为韧性强的组织。胶原蛋白在水中长时间加热后，所有副键都被破坏，肽链伸展开；同时，部分肽链被水解，水解后各种肽链又进一步相互交联成三维的网状空间结构，在网眼交界处形成无数空隙，而水即通过氢键存在于这些网眼里。这种有水分散在胶原蛋白中的胶体溶液称为明胶。明胶是一种柔嫩、滑爽而有弹性的透明的半固体，即所谓皮冻。

凡含有胶原蛋白的动物的皮、筋、骨经过长时间与水加热，都可以形成明胶。明胶具有凝胶作用，含有1%明胶的水溶液，冷却后即可凝固成透明的半固体状态，因而可以作为胶冻制品。

猪皮中胶原蛋白的氨基酸组成同人体皮肤中胶原蛋白的氨基酸组成较为相似，在一定条件下，猪皮中的胶原蛋白进入人体后，能够在人体皮肤组织中重新合成皮肤组织所需的胶原蛋白，延缓皮肤衰老。

2）制作肉皮冻前的预处理

猪皮含有较丰富的胶原蛋白，是制取皮冻和水晶菜肴的主要原料。制皮冻时，首先必须把肉皮上所带的肥膘肉刮净。否则，在加工过程中，油脂逐渐析出，在水热力产生的冲击力作用下变成微小粒状，与水形成均匀的乳白液，会影响皮冻（或水晶菜肴）的透明度。猪皮用沸水焯煮后，皮面受热，胶原蛋白发生收缩，里层肥膘肉则变得松软柔烂，这样易于刮净肥膘肉、除净油脂，同时还可以去除猪皮的异味。

3.7.2　工作过程

1）制作准备

（1）原料名称与用量

①主料：猪肉皮 1 000 g（图 3.143）。

图 3.143　猪肉皮

②调料：葱 30 g、姜 30 g、精盐 15 g、味精 3 g、食用碱 40 g、醋精 15 g（图 3.144—图 3.148）。

图 3.144　葱、姜

图 3.145　精盐

图 3.146　味精

图 3.147　食用碱

图 3.148　醋精

③调味汁：大蒜 30 g、生抽 5 g、香醋 5 g、香油 5 g（图 3.149—图 3.152）。

图 3.149　大蒜

图 3.150　生抽

图 3.151　香醋

图 3.152　香油

（2）相关原料知识

猪皮为常食之物，但作为药物早有记载。东汉张仲景《伤寒论》中的猪肤汤，就是以猪皮为主药的。

猪皮所含蛋白质的主要成分是胶原蛋白，约占 85%；其次为弹性蛋白。生物研究发现，胶原蛋白与结合水的能力有关，人体内如果缺少这种属于生物大分子胶类物质的胶原蛋白，会使体内细胞储存水的机制产生障碍。如果细胞结合水量明显减少，人体就会发生"脱水"现象，轻则使皮肤干燥、脱屑、失去弹性、皱纹横生，重则危及生命。猪皮味甘、性凉，有滋阴补虚、清热利咽的功能。现代科学家们发现，经常食用猪皮或猪蹄，有延缓衰老和抗癌的作用。这是因为猪皮中含有大量的胶原蛋白，能减缓机体细胞老化过程。尤其是阴虚内热，出现咽喉疼痛、低热等症的患者食用更佳。

猪皮是一种蛋白质含量很高的肉制品原料。以猪皮为原料加工成的皮花肉、皮冻、火腿等肉制品，不但韧性好，色、香、味、口感俱佳，而且对人的皮肤、筋腱、骨骼、毛发都有重要的生理保健作用。猪皮里蛋白质含量是猪肉的 2.5 倍，碳水化合物的含量比猪肉高 4 倍，而脂肪含量却只有猪肉的 1/2。

猪皮干是中国传统食品之一，味道好，营养丰富，还是美容食品，深受消费者欢迎。经工艺处理，品质稳定，如用真空包装，可延长产品保质期、扩大产品销售范围、方便食用。猪皮干也是洪都拉斯的一种传统食物。色泽金黄、口感香脆的炸猪皮配上木薯、玉米饼和柠檬，是洪都拉斯人餐桌上不可缺少的一道美食。

（3）工具种类

炒锅、汤桶、调料盒、手勺、手铲、漏勺、水舀、油盐子、锅托、油筛、马斗、炊笊、调料壶、消毒毛巾、筷子、餐巾纸、一次性消毒手套、料盆、餐具、保鲜膜等。

（4）操作技法

冻是将富含胶质的原料放入水锅中熬或蒸制，使其胶质溶于水中，经过滤、冷却，使原料凝结成一定形态并制成菜肴的一种烹调方法。

①冻的原料：冻制菜肴一般选用新鲜、腥味较小的动、植物性原料，如鸡、鸭、猪蹄膀、牛羊肉、鸡爪、鸭爪、猪爪、猪皮、鸡舌、鸭舌、鱼、虾、鲜嫩蔬菜及水果等。

②冻的制作流程：原料整理加工 ⟶ 煮制成熟入味（或焯水）⟶ 平放盘（或碗）中（皮朝下或塑形）⟶ 加热胶质物 ⟶ 凝固 ⟶ 改刀装盘（带调味汁）。

③冻的注意事项。

a. 要掌握好胶质的熬制方法。

皮冻的熬制方法：应选用新鲜、无毛、质优的肉皮为熬制原料。将去净毛并整理干净的肉皮加入水，用小火煮制（或蒸制）至熟烂，冷却后即成冻。

b. 要注意胶质的浓度。

一般以菜品装盘后结冻不塌为标准。一定要掌握好胶质原料与水或原汤的比例，过多或过少都会影响菜品质量。

c. 注意选用好的制冻原料。

冻菜的原料选择最为关键，一般选用鲜嫩、无骨、无异味、血污少的原料。刀工处理要整齐均匀。要掌握好原料的成熟度，配料要选用色彩鲜明、质地鲜嫩的原料。

d. 坯料盛装要合理。

煮制好的坯料要整齐地装在较大的方盘内，有皮的，要皮朝下摆放；分碗装的，要注意造型，摆放整齐。

e. 注意冻品菜肴的调味。

冻品的口味多以咸鲜、蒜香、醋香味为主，不宜偏咸或无味。

f. 可以批量制作冻品菜肴。

一次性制作，多次使用。冻品可以批量制作，但不宜过多，放入冰箱内保藏，3 d 左右使用完毕即可。

g. 冻品的色泽有白色和红色，但要注意红色冻的色泽不宜过深。

2）制作过程

（1）原料初加工

将清洗干净的生猪肉皮用刀刮去表面残毛和肥膘肉（图 3.153、图 3.154）。

图 3.153　刮去肉皮表面残毛

图 3.154　刮去肉皮肥膘肉

技术要点：在整理原料时要注意除净边角部位残毛。

（2）初步熟处理——焯水

锅上火，加入大量清水，水烧开后下入猪皮，撇去浮沫，转小火，煮制 20 min 后捞出用冷水透凉备用（图 3.155、图 3.156）。

图 3.155　猪肉皮焯水

图 3.156　猪肉皮透凉、冷却

技术要点：煮制时间不应过长，以能切断原料为宜。

（3）刀工切配整理原料

①猪皮晾凉后，用刀再次将残毛与肥膘肉刮净。葱切段，姜切片，蒜切成蒜末（图 3.157—图 3.161）。

图 3.157　再次刮掉肉皮残毛与肥膘肉

图 3.158　葱切成段

图 3.159　姜切成片

图 3.160　大蒜拍碎

图 3.161　大蒜切末

技术要点：煮后的肉皮上熟肥膘肉与残毛必须刮净，不然肥膘肉的油脂会逐渐溶于汤中，形成小颗粒，影响皮冻的透明度。将肉皮切成细条形，是为了增大肉皮的表面积，以利于其吸收热量，使肉皮中的胶原蛋白充分溶于汤中。

②将煮后处理干净的肉皮，放入加有 1% 的热碱水和 1% 的热醋水中进行搓洗，直至肉皮洁白，手感滑爽。然后用清水再冲洗两遍，改成宽度为 1 cm 的细条形（图 3.162—图 3.164）。

图 3.162　兑碱水和醋水

图 3.163　浸泡肉皮

图 3.164　肉皮切成条

技术要点：用碱搓洗可洗去肉皮上残留的油脂；加醋可以除去肉皮上的异味，中和碱性，避免营养流失。

（4）制成菜肴——隔水蒸

洗净的肉皮条放入不锈钢盆内，加入清水（水与肉皮的比例为 3 ∶ 1），依次放入葱段 30 g、姜片 30 g、精盐 15 g、味精 3 g，再放入蒸锅内。用大火蒸 4 h 左右即可。夹取出葱段、姜片，倒入方盘内，自然冷却待用（图 3.165—图 3.169）。

图 3.165　放入不锈钢盆内加水

图 3.166　加入调料

图 3.167　隔水蒸制肉皮

图 3.168　制作过程中捡出葱、姜

图 3.169　倒入方盘内冷却

技术要点：采用隔水蒸的技法，其优点是缩短加热时间，并且做出的冻汁也清澈如水。加入葱、姜、蒜可以除去肉皮的异味，透出肉皮的香气。

（5）兑碗汁

取一小碗，依次加入生抽 5 g、香醋 5 g、香油 5 g、大蒜 30 g，制成调味汁（图 3.170）。

图 3.170　制作调味汁

技术要点：调味汁口味不要过咸，要突出蒜香味。

（6）装盘

将冻好的皮冻用刀改成长约 8 cm、宽约 3 cm、厚约 0.3 cm 的长方片，整齐地叠摆在盘子里，浇上事先勾兑好的调味汁，适当进行点缀装饰即可（图 3.171—图 3.174）。

图 3.171　皮冻切制成片

图 3.172　码入盘中

图 3.173　淋上调味汁　　　　　　图 3.174　成菜

技术要点：装盘时叠摆要整齐，调味汁应适量。盘边洁净，突出主料。

3.7.3　总结评价

1）工作过程评价

任务名称	皮　冻	工作评价	
	准备阶段	处理完好	处理不当
工作过程	工作服穿戴整齐		
	检查安全卫生状况，做好消毒工作，准备用具		
	领料，审定原料数量和质量，填写单据		
	根据菜品要求备齐餐具和盘饰用品		
	菜品制作阶段	处理完好	处理不当
	根据冷菜与烹饪相关岗位要求，互相配合完成		
	运用相关烹饪技法，按照操作要领制作菜肴		
	整理阶段	处理完好	处理不当
	能够对剩余原料进行妥善保管		
	清理工作区域，清洁设备、工具		
	关闭水、电、气、门、窗		

2）成果评价

项　目 （评分要素）	评价标准	配　分	得　分
刀工	皮冻长约 8 cm、宽约 3 cm、厚约 0.3 cm	10	10
	皮冻薄厚均匀，但不标准		7
	皮冻厚度不均匀，长短不一		4
口味	口鲜味醇，柔嫩滑润	15	15
	淡薄无味		10
	过咸		5

项 目 （评分要素）	评价标准	配 分	得 分
色泽	清澈透明，色泽美观	10	10
	色彩暗淡，不清爽		7
	色彩暗淡，有黑点		4
火候	肉皮汁蒸制稠稀适度	15	15
	欠火，肉皮汁过稀		12
	过火，肉皮汁过稠		8
装盘 （8寸圆盘）	主料突出，成形好；盘饰卫生、点缀合理、美观、有新意	5	5
	主料基本突出，成形较好；盘饰生熟不分、点缀过度、较美观、较有新意		3
	主料不突出，偏盘；盘饰生熟不分、点缀过度、不够美观、无新意		1
总分			

[练习与思考]

一、课堂练习

（一）选择题。

1. 以下哪种醋不属于中国四大名醋？（　　）

  A. 山西老陈醋   B. 镇江香醋

  C. 珍极米醋   D. 永春老醋

2. 皮冻的成菜特点是（　　）。

  A. 清澈透明，色泽美观

  B. 色泽美观，柔嫩滑润，口鲜味醇

  C. 清澈透明，色泽美观，口鲜味醇

  D. 清澈透明，色泽美观，柔嫩滑润

（二）判断题。

1. 冻是将富含胶质的原料放入水锅中熬或蒸制，使其胶质溶于水中，经过滤、冷却，使原料凝结成一定形态并制成菜肴的一种烹调方法。　　　　　　　　　　　　　（　　）

2. 肉皮汁如放入冰箱降温，温度不可低于 0 ℃，因为温度低于 0 ℃ 便会使肉皮汁上冻，化冻后水分流失，从而无法成形，失去了肉皮冻的特色风味。　　　　　　　　（　　）

二、课后思考

简述皮冻的制作过程。

三、实践活动

以小组为单位，制作皮冻并互相讨论、评价。

任务 8　酥鲫鱼

酥鲫鱼

[任务布置]

了解原料的质地、掌握鉴别原料的方法。掌握酥的烹调方法及操作流程。能熟练使用制作酥鲫鱼成菜各环节中的烹调工具，了解安全生产规则及在操作环节中的卫生要求。学习冷菜岗位的开档和收档技能。与其他同学合作完成菜肴酥鲫鱼的烹制过程。

[任务实施]

3.8.1　相关知识准备

酥鱼，也称骨酥鱼，起源于中国的骨酥鱼之乡邯郸。据史料记载，邯郸赵家是骨酥鱼始祖。魏晋时期，由民间传入宫中，北宋初年，被太祖赵匡胤（河北人）颁旨御封，从此尊称"圣旨骨酥鱼"。制作骨酥鱼，关键在"料窨"和配方。

邯郸渔业始于何年已无从考证，但邯郸作为我国酥鱼的发源地，已有上千年历史。最初人们吃鱼怕鱼刺扎喉咙，邯郸一赵姓大户人家的厨子创造了一种方法，把滏阳河的鲜鱼抠腮去鳞挖去内脏反复洗净后，置于磁州窑大砂锅内，辅以葱、姜、蒜、醋、白糖及数十味作料，用淘米水慢火煨 3 ~ 6 h，大火料窨、武火收汁，便加工成骨酥刺烂、美味可口的酥鱼。使用此法，即使再大的鱼骨也能酥烂，而鱼形照样完整如初，鱼肉也照样不碎不散，味道鲜美，从头到尾，吃尽无渣，于是很快便流传开了。

3.8.2　工作过程

1）制作准备

（1）原料名称与用量

①主料：鲫鱼 1 500 g（图 3.175）。

图 3.175　鲫鱼

②调料：葱 100 g、姜 100 g、花椒 5 g、桂皮 5 g、大料 5 g、五香粉 5 g、料酒 15 g、味精 2 g、精盐 10 g、白醋 20 g、香油 15 g、生抽 30 g、白糖 20 g（图 3.176—图 3.178）。

图 3.176　葱、姜

图 3.177　香料
（花椒、桂皮、大料）

图 3.178　调味品
（五香粉、料酒、味精、精盐、
白醋、香油、生抽、白糖）

（2）相关原料知识

①五香粉。

五香粉的基本成分是磨成粉的花椒、肉桂、八角、丁香、小茴香籽，有些配方里还有干姜、豆蔻、甘草、胡椒、陈皮等。五香粉主要用于炖制肉类或者家禽菜肴，或是加在卤汁中增味，或拌馅用（图3.179）。

图3.179　五香粉

配方1：砂仁60 g、丁香12 g、豆蔻7 g、肉桂7 g、山奈12 g。

配方2：大料20 g、干姜5 g、小茴香8 g、花椒18 g、陈皮6 g。

配方3：大料52 g、桂皮7 g、山奈10 g、白胡椒3 g、砂仁4 g、干姜17 g、甘草7 g。

配方4：花椒20 g、大料20 g、小茴香10 g、桂皮10 g、丁香8 g。

五香粉一般用于腌、泡肉类。包肉粽在炒糯米时，加些五香粉，肉粽就会味道十足。

②芝麻油。

芝麻油又叫香油、麻油，有普通芝麻油、小磨香油和机榨芝麻油3种生产工艺。它们都是以芝麻为原料所制取的油品。从芝麻中提取出的油脂，无论是普通芝麻油还是小磨香油，其脂肪酸含油酸35.0%～49.4%、亚油酸37.7%～48.4%、花生酸0.4%～1.2%。芝麻油的消化吸收率达98%。芝麻油中不含对人体有害的成分，而含有特别丰富的维生素E和比较丰富的亚油酸（图3.180）。

图3.180　芝麻油

真假芝麻油的辨别方法。

a.水鉴别：用筷子蘸一滴香油滴到清水面上，纯香油会呈现出无色透明的薄薄的大油花，然后凝成若干个细小的油珠。掺假香油的油花小而厚，且不易扩散。

b.颜色识别：将油提子盛满香油，然后由高处向油缸内倾倒，若溅起的油花是淡黄色的，表明香油中掺有菜油。因为纯正的香油呈红铜色，清澈，香味扑鼻。一般来说，机榨香油比小磨香油颜色淡。

c.冷冻法鉴别：把香油放入冰箱冷冻，取出后放在室温下。纯正香油会迅速整体融化；劣质香油则融化较慢，融化一个阶段会出现一个明显的硬芯。

d.加热识别：将香油放入锅内加热，若加热后发白，说明掺有猪油；若加热后变得很清，说明兑入了菜油；若加热后发浑，说明兑入了米汤，过不久就会有沉淀物出现。

e.气味识别：取一点油于手中摩擦，香味纯正的是香油；有豆腥气的，可能掺有大豆油；有辛辣味的，则掺有菜油。

f.震荡法：取一瓶香油轻轻震荡，如果气泡透明且很快消失，一般是纯正香油；如气泡不透明，呈黄色，并且消失比较慢，则是劣质香油。

g.口感法：纯香油喝到嘴里有一种浓香发黏的感觉，口感有点回苦；假香油喝到嘴里无香味，有发涩的感觉，口感是顺滑的。

（3）工具种类

不锈钢工作台、煮锅、调料盒、炒锅、汤桶、调料盒、手勺、漏勺、锅托、油筛、料酒壶、消毒毛巾、筷子、餐巾纸、一次性消毒手套、料盆、餐具、保鲜膜。

（4）操作技法

酥是将原料和经过熟处理的半成品，有顺序地排列好并放入大锅内，加以醋和糖为主的调味料，用慢火长时间加热至酥烂的烹调方法。

酥是一种冷菜的制作方法，与热菜中的焖、烧有些相似，但比焖、烧加热时间更长。用酥的方法做菜，多以醋为主要调味品，以使荤料骨肉酥软、鲜香入味。酥菜一般都是将主料放入锅内后，一次性加足汤水和调料，盖严锅盖加热，直到烧好才揭锅。酥菜制成后，不可急于起锅装盘，因为此时主料已经酥烂，稍碰即碎，应待成菜冷却以后装盘。

酥菜的选料比较广泛，也比较常见，一般猪肉、牛肉、羊肉、鸡肉、鱼类、莲藕、白菜、海带等原料都可以来制作酥菜。其以醋、糖为主要调料品，成菜口味各异，有的香鲜，有的酥甜，制作时可根据食用口味来选择。

比较有名的酥菜是山东的酥锅，其制作过程如下：用一口大号砂锅，将肉、鱼、蔬菜分层码在锅内，倒入高汤、黄酒、精盐、酱油、醋、白糖，将炉火调大，将锅汤煮沸，之后文火慢熬，直至汤料全部熬进锅内的肉菜为止。慢工细活熬制出来的酥锅，肉肥而不腻，鱼酥而不焦，蔬菜脆而不烂，是山东的著名小吃。

技术要点：酥菜多大批量制作但又要求酥烂，因此首先要防止原料与锅底粘在一起。在烹制中不能翻动原料，故对策是加锅衬，原料松松地逐层排放。其次，加料及汤水要准，中途不可追加，以免影响滋味。焖烧时间一般在 3 h 以上，故汤汁应比一般烧菜多一些。最后，质地酥烂的菜肴，焖烧完毕后要待其冷却才起锅，以防破坏菜肴的外形。

2）制作过程

（1）原料初步处理

用刀头从鱼尾处向鱼头处推动以去除鱼鳞，用刀尖挖去鱼鳃，鱼剖腹取出内脏，用清水冲洗干净（图 3.181—图 3.183）。

图 3.181　刮鳞

图 3.182　去鱼鳃

图 3.183　清洗

技术要点：选料时要选用鲜活的鲫鱼。刮鳞时应特别注意去清鲫鱼背鳍两侧鱼鳞与腹部鱼鳞，要注意将鲫鱼腹部内的黑色腹膜去除，否则会影响成菜颜色、口味。

（2）切配原料

将葱切马蹄段，姜切片（图3.184、图3.185）。

图3.184 葱切马蹄段

图3.185 姜切片

（3）酥制过程

取一个大砂锅，锅底铺放一竹帘垫底。将鱼一条紧挨一条、整齐地铺摆一层，摆满后，撒上葱段、姜片、花椒、大料、桂皮。然后上铺一竹帘，再平铺鲫鱼，在鱼身上撒上剩余的葱段、姜片、花椒、大料、桂皮后，加入清水至没过鱼身，加入五香粉5 g、料酒15 g、味精2 g、精盐10 g、白醋20 g、香油15 g、生抽30 g、白糖20 g。用大火烧开，转至微小火，盖上锅盖，酥制4 h以上，待汁浓稠时端下砂锅，自然冷却即可（图3.186—图3.194）。

图3.186 铺竹帘垫底

图3.187 码放鲫鱼

图3.188 撒上葱段、姜片

图3.189 再铺竹帘

图3.190 再码放鲫鱼

图3.191 再撒上葱段、姜片

图3.192 加入清水

图3.193 放入调料

图3.194 酥制入味

技术要点：酥制时，途中不要翻锅，一气呵成。大火烧开锅内汤后，应立即移至微火上，防止滚沸汤汁冲散排摆整齐的鲫鱼，以免影响酥制过程和装盘造型。酥制时间越长，鱼的滋味与酥烂程度越好。

（4）装盘

将冷却好的酥鲫鱼从砂锅中取出，采用摆的方法将两鱼腹部相对，置于盘中。整理盘边，点缀即成（图3.195）。

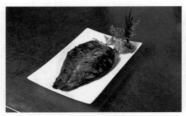

图 3.195　成菜

技术要点：取出酥鲫鱼时手要轻，动作要稳，避免将鱼折断。

3.8.3　总结评价

1）工作过程评价

任务名称	酥鲫鱼	工作评价	
工作过程	**准备阶段**	处理完好	处理不当
	工作服穿戴整齐		
	检查安全卫生状况，做好消毒工作，准备用具		
	领料，审定原料数量和质量，填写单据		
	根据菜品要求备齐餐具和盘饰用品		
	菜品制作阶段	处理完好	处理不当
	根据冷菜与烹饪相关岗位要求，互相配合完成		
	运用相关烹饪技法，按照操作要领制作菜肴		
	整理阶段	处理完好	处理不当
	能够对剩余原料进行妥善保管		
	清理工作区域，清洁设备、工具		
	关闭水、电、气、门、窗		

2）成果评价

项 目 （评分要素）	评价标准	配 分	得 分
原料初步 处理	鲫鱼鳃及内脏去除干净，无鳞，整鱼无断裂	10	10
	鲫鱼鳃及内脏去除干净，无鳞，整鱼稍有裂开		7
	整鱼有断裂		4

项 目 （评分要素）	评价标准	配 分	得 分
口味	口味咸鲜酸甜，骨酥肉美	15	15
	淡薄无味		10
	过咸		5
色泽	颜色银红	10	10
	色彩暗淡，不清爽		7
	色彩暗淡，有黑点		4
火候	骨酥肉美	15	15
	鱼肉欠火，质地干、骨不酥		12
	鱼肉过火，质地软糯		8
装盘 （8寸圆盘）	主料突出，成形好；盘饰卫生、点缀合理、美观、有新意	5	5
	主料基本突出，成形较好；盘饰生熟不分、点缀过度、较美观、较有新意		3
	主料不突出，偏盘；盘饰生熟不分、点缀过度、不够美观、无新意		1
总分			

[练习与思考]

一、课堂练习

（一）选择题。

1. 酥鲫鱼的成菜特点是（   ）。

　　A. 颜色银红，口味咸鲜酸辣，骨酥肉美

　　B. 颜色银红，口味咸鲜酸甜，骨硬肉美

　　C. 颜色银红，口味咸鲜酸甜，骨酥肉美

　　D. 颜色金黄，口味咸鲜酸甜，骨酥肉美

2. 酥鲫鱼是采用（   ）技法成菜的。

　　A. 酥　　　　　　B. 酱　　　　　　C. 卤　　　　　　D. 煮

（二）判断题。

1. 酥是指将原料和经过熟处理的半成品，有顺序地排列放入大锅内，加上以醋和糖为主要原料的调味料，用慢火长时间焖至骨酥味浓的烹调方法。　　　　　　　　（　　）

2. 五香粉的基本成分是磨成粉的花椒、肉桂、八角、丁香、小茴香籽。　　　（　　）

二、课后思考

简述酥鲫鱼的操作过程。

三、实践活动

以小组为单位，制作酥鲫鱼并互相讨论、评价。

项目4
冷菜拼摆基础类型

冷菜菜品的拼摆是中国菜的重要组成部分，也是其中一个重要的菜品艺术表现形式。中餐烹饪历来强调色、香、味、艺、形、器并重，并特别强调菜品色泽和刀工造型。冷菜拼摆就是建立在烹饪工艺美术基础之上，并服务于中餐冷拼、中餐冷菜。

[教学目标]

【知识教学目标】

1. 了解冷菜拼摆的围碟基本方法和技能。

2. 了解常用冷菜原料的特性。

3. 了解冷菜围碟的造型特征及作品的应用范围。

【能力培养目标】

1. 学会冷菜岗位制作间的开档和收档技能。

2. 理解并掌握基本冷菜围碟的工艺流程。

3. 初步掌握拼摆围碟的关键工艺。

4. 掌握各种拼摆刀具的基本使用方法。

5. 积累对冷菜原料、工具及成品保管的经验。

6. 掌握冷菜拼摆原料的选料方法、选料要求。

7. 会选用合适的工具对冷菜拼摆原料进行加工制作。

【职业情感目标】

1. 具有安全意识、卫生意识，树立敬业爱岗的职业意识。

2. 学会介绍冷菜拼摆作品的特点，语言表达准确，语态轻松。

3. 在冷菜拼摆的制作过程中，体验劳动、热爱劳动。

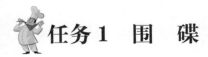

任务1 围 碟

[任务布置]

了解冷菜厨房设备、工具的使用方法及冷菜拼摆的工艺流程、安全生产规则，学习冷菜厨房岗位的开档和收档技能。学习和初步掌握冷菜拼摆围碟的品种并能运用直切的刀工技法和堆、排的拼摆手法，独立完成围碟成品。要求菜品造型美观、色彩分明、形态饱满，体现荤素两种不同冷菜的风味特色。

[任务实施]

4.1.1 相关知识准备

1) 风味围碟的相关知识

风味围碟是指能体现地方风味特色或饭店风味特色的冷菜拼摆。风味围碟是宴会运用的基本形式，也是常用的零点冷菜。因宴席的规格和人数不同，风味围碟通常以四围碟、六围碟、八围碟等形式出现。制作中应注重围碟的组合形式，讲究色彩与荤素的搭配，达到合理配膳的目的。制作风味围碟常用的烹调方法有拌、炝、腌、糟、醉、煮等，常见的味型主要有咸鲜、糖醋、酸辣等。围碟以一种或两种原料为主，分量约为 200 g，一般选用 7 寸盘，以单独摆放的形式装盘；盛器一般选用瓷器，也可用玻璃器皿、陶器、竹器等。菜肴运用切、剞、批、斩等刀法加工成形，拼摆手法采用堆、围、复、排、摆等技法。围碟拼摆步骤一般是垫底━━▶盖面━━▶衬托，使成品美观、风味独特（图 4.1—图 4.3）。

图 4.1　酱猪耳卷

图 4.2　云卷

图 4.3　醉冬笋

2）冷拼原料方火腿的知识介绍

方火腿是以畜肉为主要原料，辅以淀粉、植物蛋白粉等填充剂，再加入食盐、糖、酒、味精、香辛料等调味品，添加防腐剂等，采用腌制、斩拌、蒸煮等加工工艺制成。方火腿合格品给人的感官应该表面干爽，有光泽，粗细均匀，无黏液，无破损，色泽呈肉红色或粉红色，均匀一致，组织紧密，有弹性、无气孔，咸淡适中、鲜香可口，无异味。方火腿的存放温度应为 0 ~ 4 ℃（图 4.4）。

图 4.4　方火腿

3）冷拼原料白萝卜的知识介绍

白萝卜是一种常见的蔬菜，生食、熟食均可，其味略带辛辣。现代研究认为，白萝卜含芥子油、淀粉酶和粗纤维，具有促进消化、增强食欲、加快胃肠蠕动和止咳化痰的作用。白萝卜为食疗佳品，可以治疗或辅助治疗多种疾病，《本草纲目》称之为"蔬中最有利者"。所以，白萝卜在临床实践中有一定的药用价值（图 4.5）。

图 4.5　白萝卜

🌹 4.1.2　工作过程

1）制作准备

（1）原料名称与用量

方火腿 200 g、白萝卜 140 g、盐 3 g、白醋 5 g、白糖 10 g。

（2）围碟造型设计

选用圆盘，菜品半圆形片状堆放，红、白色相接，相得益彰，还可选用方盘、鱼盘等（图 4.6）。

图 4.6　围碟

（3）工具种类

片刀 1 把、砧板 1 块、手刀 1 把、不锈钢配菜盘 2 个、不锈钢马斗 2 个、餐盘 1 个、镊子 1 把、消毒毛巾 1 条、餐巾纸 1 包。

（4）冷菜拼摆操作技法原则

冷菜拼摆以熟食料加工成形，卫生要求高，要求二次更衣，戴口罩、手套，器具作严格消毒处理。所选用原料符合卫生要求，禁止使用人工合成色素。

冷菜拼摆过程中应提倡节约，反对浪费。为控制原料成本，在制作冷菜中应注意合理使用原料。如双色拼盘，选用 200 g 方火腿原料，要做成造型饱满的冷拼，需要将原料进行充分利用，修成主刀面后的原料则可作为垫底原料。要做到充分利用原料，就要有较高的刀工技术，修料一步到位，切片成形、原料规整。

（5）工作前准备

①关闭消毒灯（图 4.7）。

a.在关掉电源的情况下，每天用湿布擦净紫外线消毒灯灯罩、灯管，待其干后使用。

b.定期检查紫外线灯管是否有效，无效应及时更换，开餐前和开餐后保证使用紫外线消毒灯进行 20 min 空气消毒工作。做到消毒灯无尘土，定时开关，紫外线灯管保证有效。

图 4.7　关闭消毒灯

②关闭灭蝇灯。

a. 关掉电源，用干布掸去灭蝇灯灯网内尘土。

b. 用湿布擦净灭蝇灯上面各部位的尘土，待其干后通电使用。

c. 灭蝇灯要求灯网内无异物、尘土、死蝇，使用正常。

③清洗双手（图 4.8）。

洗手步骤：取适量的洗手液于掌心 ━➤ 掌心对掌心搓揉 ━➤ 手指交错、掌心对手背揉搓 ━➤ 手指交错、掌心对掌心揉搓 ━➤ 双手互握相互揉搓 ━➤ 指心在掌心揉搓 ━➤ 左手自右手腕部前臂至肘部旋转揉搓。

图 4.8　清洗双手

④清洁盘子和工具（图 4.9）。

a. 使用前在洗涤水中将盘子和工具洗至无油，无杂物。

b. 放入 3/10 000 的优氯净浸泡 20 min，取出用清水冲净，或用蒸笼蒸 15 min，用消毒毛巾擦干水。

c. 熟食品器皿做到专门消毒、专门保存、专门使用。盘子和工具要求干净、光亮、无油、无杂物并经过消毒处理。

图 4.9　清洗盘子及工具

⑤加热消毒工具及墩面。

a. 墩面用热水擦洗干净后，用 3/10 000 的优氯净消毒，将热水加洗涤剂倒在墩子上，用板刷把整个墩子刷洗后再用清水冲净，竖放在通风处（图 4.10）。

b. 每隔两天用汽锅蒸煮墩子 20 min，做到无油，墩面洁净、平整，无异味、无霉点。用板刷将所有的工具清洗干净，要求干净、无异味、无油污（图 4.11）。

图 4.10 墩面消毒

图 4.11 加热消毒工具墩面

⑥领取原料。

做好卫生后，查看提前开出的原料单据，根据数量和规格，到原料库房领取原料。在领料过程中应将所领取的原料上称称量或点数，以免和领料单上的原料质量或数目不符。将原料拿入厨房仔细检查其外观及内在品质，如发现有腐烂变质、不新鲜的原料，应立即退还库房，绝不能用其制作菜肴（图 4.12—图 4.14）。

图 4.12 依单领料

图 4.13 领取原料

图 4.14 验收原料

2）制作过程

（1）原料准备

方火腿 200 g、白萝卜 140 g（图 4.15、图 4.16）。

图 4.15 原料 1：方火腿

图 4.16 原料 2：白萝卜

技术要点：选用淀粉含量较低的优质火腿，白萝卜应新鲜、脆嫩、不糠且无裂口。

（2）主题内容拼摆制作

①白萝卜切成长约 5 cm、粗约 0.2 cm 的丝（图 4.17）。

图 4.17　白萝卜切丝

技术要点：长短一致，粗细均匀。

②先将白萝卜丝放入盐 3 g 进行腌制，挤干水后放入白醋 5 g、白糖 10 g 腌制（图 4.18—图 4.21）。

图 4.18　白萝卜丝放盐

图 4.19　挤出水

图 4.20　放入白糖拌匀

图 4.21　放入白醋拌匀

技术要点：要注意下调料的顺序，做到口味酸甜适中。

③修方火腿主刀面，将剩余原料切丝（图 4.22、图 4.23）。

图 4.22　将方火腿修出主刀面

图 4.23　将边角料切丝

技术要点：主刀面整齐，没有毛边，切细丝。

④将切好的火腿丝堆出半圆形垫底（图 4.24）。

图 4.24　将火腿丝摆出半圆形

技术要点：堆好的半圆形应做到半圆弧度自然、美观、平整。

⑤将修好主刀面的火腿均匀切片，排摆第一层扇面（图 4.25）。

图 4.25　排摆第一层火腿片

技术要点：切片厚薄均匀，排摆整齐，间距一致。

⑥将修好主刀面的火腿均匀切片，排摆第二层扇面（图 4.26）。

图 4.26　排摆第二层火腿片

技术要点：切片厚薄均匀，排摆整齐，间距一致，两层间的距离要一致。

⑦将切好的萝卜丝堆成半圆形扇面状（图 4.27）。

图 4.27　将白萝卜丝堆成半圆形

技术要点：做到堆萝卜丝的扇面弧度美观。

⑧将修好主刀面的白萝卜切成厚 0.2 cm 的片，将两层扇面排摆完成（图 4.28）。

技术要点：切片厚薄均匀，排摆整齐，间距一致，两层间的距离要一致。

图 4.28 排摆出两层白萝卜片

3）结束工作（收档）

①清理剩余原料及清洗水池。

a. 打开冰箱门，清理出前日剩余食品。

b. 用洗涤剂水擦洗冰箱内部，洗净所有的屉架及内壁底角四周，捡去底部杂物，擦去残留的水和菜汤。

c. 冰箱门内侧的密封皮条和排风口擦至无油泥、无霉点。

d. 内部消毒，用 3/10 000 的优氯净将冰箱内全部擦拭一遍。

e. 把回火的菜和当天新做的菜肴放入消毒后的器皿中凉透后，加封保鲜膜，有层次、有顺序地放入冰箱，不得直接摆放。

f. 冰箱外部用洗涤剂水擦至无油，用清水擦两遍。清除冰箱把手和门沿的油泥，用清水擦净，再用干布把冰箱整个外部擦干至光洁。

g. 用夹子将在 3/10 000 优氯净中浸泡 20 min 的小毛巾夹在冰箱把手处，使手和冰箱不直接接触，避免交叉污染。小毛巾需保持湿润，以保证消毒的效果。

h. 把冰箱底部的腿、轮子擦至光亮。恒温冰箱温度合理、内部干燥，剩余菜料、剩余原料包好后放入冰箱。清洗水池，做到无积水、无异味、无带泥制品、无脏容器和原包装箱、无罐头制品。物品码放整齐，符合卫生标准，外部干净明亮，内外任何地方无油泥和尘土。应该加火的原料交到灶上回火，能利用的食品在符合卫生的情况下应尽量充分利用，避免浪费，冰箱不得放入私人物品。用洗涤剂水擦洗水池，清洗四周内壁，捡去底部杂物，使水池光亮如新、无油污。

②扫地、拖地、整理工具。

将地面扫净，垃圾废料倒入垃圾箱里后，用湿拖布浇上温水沏制的洗涤剂水，从里向外由厨房一端横向擦至另一端。用清水洗净拖布，反复擦两遍，然后将用过的工具归还到原处。

4.1.3 总结评价

1）工作过程评价

任务名称	围 碟		工作评价	
工作过程	**准备阶段**		处理完好	处理不当
	工作服穿戴整齐			
	检查安全及卫生状况，做好消毒工作，准备用具			
	领料，核验原料数量和质量，填写单据			

任务名称	围　碟	工作评价	
工作过程	根据冷菜拼摆要求备齐刀具		
	拼摆制作阶段	处理完好	处理不当
	运用冷菜拼摆制作与烹饪相关工作岗位要求完成菜品		
	按照拼摆的制作步骤、拼摆方法和操作要领完成围碟成品的制作		
	整理阶段	处理完好	处理不当
	能够对剩余原料进行妥善处理和保管		
	清理工作区域，清洁工具		
	关闭水、电、气、门、窗		

2）任务成果评价

项　目 （评分要素）	评价标准	配　分	得　分
选料	选择符合标准的方火腿原料 白萝卜应选择无破损、无腐烂的	10	10
技法运用	熟练掌握直刀法锯切和推拉切的刀法，行刀精准，刀口平整，边角料处理得当	30	15
	基本掌握围碟的拼摆方法		15
成形	造型饱满，排码均匀；成形符合规格要求	40	40
装盘组配	用料色泽搭配合理，色彩较分明，盘具洁净	20	20

[练习与思考]

一、课堂练习

填空题。

1. 风味围碟是指能体现_____或_____的冷菜拼摆。

2. 因宴席的规格和人数不同，风味围碟通常以_____、_____、_____等形式出现。

3. 方火腿合格品给人的感官应该_____、_____、_____、_____，无破损，色泽呈肉红色或粉红色，均匀一致，_____、_____，咸淡适中、鲜香可口，无异味。

4. 围碟的成品要求_____、_____、_____，体现荤素两种不同冷菜风味特色。

二、课后思考

围碟的拼摆关键点有哪些？

三、实践活动

以小组为单位，各自制作一款冷菜围碟并互相讨论、评价。

四、思维拓展

欣赏围碟成品。

六围碟

八围碟

三色围碟

梅花扇面围碟

任务2 过　桥

[任务布置]

了解冷菜厨房设备、工具的使用方法及冷菜拼摆的工艺流程、安全生产规则，学习冷菜厨房岗位的开档和收档技能。学习和初步掌握冷菜拼摆围碟的品种并能运用直切的刀工技法和堆、排的拼摆手法，独立完成过桥的成品。要求菜品造型美观、色彩分明、形态饱满，体现荤素两种不同冷菜风味特色。

[任务实施]

4.2.1 相关知识准备

1）过桥的相关知识

过桥是宴会使用菜品的基本形式，也是常用的零点冷菜拼摆样式。过桥的组合讲究色彩与荤素的搭配，达到合理配膳的目的。制作过桥冷菜菜肴的烹调方法有炝、腌、糟、煮、酱等，常见的味型主要有咸鲜、糖醋、酸辣等。过桥以一种或两种以上原料为主，分量在200 g左右，一般选用7寸盘。它以单独摆放的形式装盘，盛器一般选用瓷器，也可用玻璃器皿、陶器、竹器等。冷菜拼摆常运用切、剞、批、斩等刀法加工成形，拼摆手法采用围、复、排、摆等技法。过桥拼摆一般是两层，分为底层和盖面（图4.29—图4.31）。

图 4.29　三彩蒸蛋

图 4.30　酱肘卷

图 4.31　酱牛肉

2）冷拼原料叉烧肉的知识介绍

叉烧肉是广东省传统的汉族名菜，属粤菜系，是广东烧味的一种。叉烧肉多呈红色，以瘦肉制成，略甜。它是将腌渍后的瘦猪肉挂在特制的叉子上，放入炉内烧烤而成的。好的叉烧肉应该肉质软嫩多汁、色泽鲜明、香味四溢，其中又以肥、瘦肉均衡品为佳品，称为"半肥瘦"（图 4.32）。

图 4.32　叉烧肉

4.2.2　工作过程

1）制作准备

（1）原料名称与用量
叉烧肉 200 g。

（2）过桥造型设计
选用圆盘，将原料切片排码，两行为第一层；再将原料切成片，排码于第一层中间盖面。除圆盘外，还可选用方盘、鱼盘等摆放（图 4.33）。

图 4.33　叉烧肉过桥拼摆造型

（3）工具种类
片刀 1 把、砧板 1 块、手刀 1 把、不锈钢配菜盘 2 个、不锈钢马斗 2 个、餐盘 1 个、镊子 1 把、消毒毛巾 1 条、餐巾纸 1 包。

（4）冷菜拼摆操作技法原则

冷菜拼摆以熟食料加工成型，卫生要求高，要求二次更衣，戴口罩、手套。器具作严格消毒处理。所选用原料符合卫生要求，禁止使用人工合成色素。

冷菜拼摆过程中应提倡节约，反对浪费。为控制原料成本，在制作冷菜中应注意合理使用原料。如过桥，选用 200 g 叉烧肉原料，做成具有造型的冷拼样式，需要将原料进行充分利用。要做到充分利用原料，就要有较高的刀工技术，修料一步到位，切片成形、原料规整。

2）制作过程

（1）原料准备

叉烧肉 200 g（图 4.34）。

图 4.34 叉烧肉

技术要点：选用的叉烧应该肉质软嫩多汁、色泽鲜明、香味四溢，当中又以肥、瘦肉均衡者为佳品。

（2）主题内容拼摆制作

①将叉烧肉修成长约 4 cm、厚约 2 cm 的块。再将修好的叉烧肉切成厚约 0.2 cm 的片（图4.35）。

图 4.35 叉烧肉切片

技术要点：主刀面整齐，没有毛边。切片下刀准确，肉片薄厚一致。

②将底层叉烧片排摆成第一层（图 4.36）。

图 4.36 排摆底层叉烧肉

技术要点：排摆时片与片之间均匀一致。

③将切好的叉烧肉片码放整齐，盖在第一层面上（图 4.37、图 4.38）。

图 4.37　排摆第二层叉烧肉

图 4.38　整理成品

技术要点：盖面要均匀、一致、整齐。

3）结束工作（收档）

扫地、拖地、整理工具：将地面扫净，垃圾废料倒入垃圾箱里后，用湿拖布浇上温水沏制的洗涤剂水，从里向外由厨房一端横向擦至另一端。用清水洗净拖布，反复擦两遍。然后，将用过的工具归还到原处。

4.2.3　总结评价

1）工作过程评价

任务名称	过　桥	工作评价	
	准备阶段	处理完好	处理不当
	工作服穿戴整齐		
	检查安全及卫生状况，做好消毒工作，准备用具		
	领料，核验原料数量和质量，填写单据		
	根据冷菜拼摆要求备齐刀具		
工作过程	**拼摆制作阶段**	处理完好	处理不当
	运用冷菜拼摆制作与烹饪相关工作岗位要求完成菜品		
	按照拼摆的制作步骤、拼摆方法和操作要领完成过桥成品的制作		
	整理阶段	处理完好	处理不当
	能够对剩余原料进行妥善处理和保管		
	清理工作区域，清洁工具		
	关闭水、电、气、门、窗		

2) 任务成果评价

项　目 （评分要素）	评价标准	配　分	得　分
选料	选择符合标准的叉烧肉原料	10	10
技法运用	熟练掌握直刀法锯切的刀法，行刀精准，刀口平整，边角料处理得当	30	15
	基本掌握过桥的拼摆方法		15
成形	造型饱满，排码均匀，成形符合规格要求	40	40
装盘组配	用料合理，层次分明，盘具洁净	20	20

[练习与思考]

一、课堂练习

填空题。

1. 叉烧肉是广东省传统的汉族名菜,属于_____,是广东烧味的一种。

2. 叉烧肉应该肉质_____、_____、_____。

3. 列举几种可以拼摆过桥冷菜形式的食材：_____、_____、_____、_____等。

4. 过桥是宴会使用菜品的基本形式，也是常用的零点冷菜拼摆样式。它注重_____，_____、_____的搭配，达到合理配膳的目的。

5. 冷菜拼摆常运用_____、_____、_____、_____等刀法加工成形。拼摆手法采用_____、_____、_____、_____等技法。

二、课后思考

过桥的拼摆关键点有哪些？

三、实践活动

以小组为单位，各自制作一款冷菜过桥拼摆，并互相讨论、评价。

四、思维拓展

过桥菜品欣赏。

过桥豆干

三文鱼刺身

卤水鸭脖

红油脆耳

 # 任务3 三 拼

[任务布置]

　　了解冷菜厨房设备、工具的使用方法及冷菜拼摆的工艺流程、安全生产规则，学习冷菜厨房岗位的开档和收档技能。学习和初步掌握冷菜拼摆三拼的品种，并能运用直切的刀工技法和堆、排的拼摆手法，独立完成三拼的成品。要求菜品造型美观、色彩分明、形态饱满，体现荤素两种不同冷菜的风味特色。

[任务实施]

4.3.1 相关知识准备

1）三拼的硬面与软面相结合

　　硬面与软面是冷拼制作的术语。硬面是指选用规整原料，加工成整齐形状做成的刀面；软面一般是指选用不规整的原料，堆成不规则的形状。在冷拼制作中硬面与软面要结合使用，以起到制作方便快捷、相互协调、成菜更加美观的作用。在各种冷拼制作中，应运用好硬面与软面相结合的原则和方法（图4.39—图4.41）。

图4.39 卤水拼盘

图4.40 五彩圆拼

图4.41 叶形拼盘

2）冷拼原料鸡蛋的知识介绍

　　鸡蛋又名鸡卵、鸡子，是母鸡所产的卵，其外有一层硬壳，内则有气室、卵白及卵黄部分。鸡蛋富含胆固醇，营养丰富，一个鸡蛋重约50 g，含蛋白质约7 g。鸡蛋蛋白质的氨基酸比例很适合人体生理需要，易为机体吸收，利用率高达98%以上。鸡蛋的营养价值很高，是人类常食用的食物之一（图4.42）。

图 4.42 鸡蛋

3）冷拼原料莴笋的知识介绍

莴笋又称莴苣，为菊科莴苣属莴苣种能形成的有肉质嫩茎的变种，1～2年生草本植物，别名茎用莴苣、莴苣笋、青笋、莴菜，原产中国华中或华北地区。其地上茎可供食用，茎皮白绿色，茎肉质脆嫩。幼嫩茎翠绿，成熟后转变为白绿色。主要食用肉质嫩茎，可生食、凉拌、炒食、干制或腌渍，嫩叶也可食用。茎、叶中含莴苣素，味苦，有镇痛的作用。莴笋的适应性强，可春秋两季或越冬栽培，以春季栽培为主，夏季收获（图 4.43）。

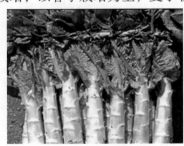

图 4.43 莴笋

4）冷拼原料乌贼的知识介绍

乌贼，又名乌鲗，也称花枝、墨斗鱼或墨鱼，是软体动物门头足纲乌贼目的动物。乌贼遇到强敌时会以"喷墨"作为逃生的方法，伺机离开，因而有"乌贼""墨鱼"等名称。其皮肤中有色素小囊，会随"情绪"的变化而改变身体的颜色和大小。乌贼会跃出海面，具有惊人的空中飞行能力。其身体可区分为头、足和躯干3个部分，躯干相当于内脏团，外被肌肉性套膜，具石灰质内壳（图 4.44）。

图 4.44 乌贼

4.3.2 工作过程

1）制作准备

（1）原料名称与用量

蒸鸡蛋糕 120 g、卤水墨鱼 120 g、莴笋 120 g。

（2）三拼造型设计

选用圆盘，分别堆放，色彩搭配合理、相得益彰（图 4.45）。

图 4.45　冷菜三拼

（3）工具种类

片刀 1 把、砧板 1 块、手刀 1 把、不锈钢配菜盘 2 个、不锈钢马斗 2 个、餐盘 1 个、镊子 1 把、消毒毛巾 1 条、餐巾纸 1 包。

（4）冷菜拼摆操作技法原则

冷菜拼摆以熟食料加工成形，卫生要求高，要求二次更衣，戴口罩、手套。器具作严格消毒处理。所选用原料符合卫生要求，禁止使用人工合成色素。

冷菜拼摆过程中应提倡节约，反对浪费。为控制原料成本，在制作冷菜中应注意合理使用原料。如冷菜三拼，选用鸡蛋、乌贼、莴笋，做成造型饱满的冷拼，需要将原料进行充分利用，修成主刀面后的原料则可作为垫底原料。要做到充分利用原料，就要有较高的刀工技术，修料一步到位，切片成形、原料规整。

2）制作过程

（1）原料准备

蒸鸡蛋糕（后简称"鸡蛋糕"）60 g、卤水墨鱼 60 g、莴笋 60 g（图 4.46、图 4.47）。

图 4.46　蒸鸡蛋糕

图 4.47　莴笋

其他配料有叉烧肉、黄瓜等（图 4.48、图 4.49）。

图 4.48 叉烧肉

图 4.49 黄瓜、鱼子、樱桃萝卜

技术要点：鸡蛋选用新鲜、蛋黄鲜黄的为佳。乌贼选用新鲜无异味、无破损的为佳。莴笋选用新鲜，无破损、虫蛀、腐烂的为佳。叉烧肉选用新鲜无异味，肉质细嫩有弹性的为佳。

（2）主题内容拼摆制作

①将三种排摆原料切成丝，堆成三个圆形（图 4.50）。

图 4.50 排摆原料：莴笋丝、叉烧肉丝、萝卜丝

技术要点：三丝粗细均匀，堆的形状要大小一致。

②修莴笋主刀面后将莴笋剞上花刀，切成厚约 0.2 cm、长约 5 cm 的片，再将莴笋片排成圆弧形，码放在第一个垫底的圆堆上（图 4.51—图 4.53）。

图 4.51 莴笋剞刀

图 4.52 莴笋切片

图 4.53 莴笋片排码

技术要点：堆好的莴笋圆弧度自然、美观、平整，间距一致。

③修鸡蛋糕主刀面后将鸡蛋糕剞上花刀，切成厚约 0.2 cm、长约 5 cm 的片，再将鸡蛋糕片排成圆弧形，码放在第二个垫底的圆堆上（图 4.54、图 4.55）。

图 4.54 鸡蛋糕剞刀

图 4.55 鸡蛋糕排码

技术要点：修后的鸡蛋糕主刀面整齐光滑，没有毛边。

④将卤水墨鱼修改成水滴块，再在上面剞上花刀，将墨鱼切成厚约0.2 cm、长约5 cm的片，再将墨鱼片排成圆弧形，码放在第三个垫底的圆堆上（图4.56、图4.57）

图4.56 墨鱼切片　　　　　　　图4.57 墨鱼片排码

技术要点：剞花刀要均匀一致，深浅一致。切片要厚薄一致，排码距离要一致。

⑤将其他冷菜原料点缀在三拼圆弧中心位置（图4.58—图4.61）。

图4.58 黄瓜切片　　　　　　图4.59 樱桃萝卜点鱼子酱

图4.60 码黄瓜片　　　　　　图4.61 点缀樱桃萝卜

技术要点：点缀要做到不漏垫底三丝，自然、美观、协调。

4.3.3 总结评价

1）工作过程评价

任务名称	三　拼		工作评价	
工程过程	**准备阶段**		处理完好	处理不当
	工作服穿戴整齐			
	检查安全及卫生状况，做好消毒工作，准备用具			
	领料，核验原料数量和质量，填写单据			
	根据冷菜拼摆要求备齐刀具			
	拼摆制作阶段		处理完好	处理不当
	运用冷菜拼摆制作与烹饪相关工作岗位要求完成菜品			
	按照拼摆的制作步骤、拼摆方法和操作要领完成三拼成品的制作			

续表

任务名称	三 拼		工作评价	
工程过程	整理阶段		处理完好	处理不当
	能够对剩余原料进行妥善处理和保管			
	清理工作区域，清洁工具			
	关闭水、电、气、门、窗			

2）任务成果评价

项 目 （评分要素）	评价标准	配 分	得 分
选料	选择优质鸡蛋为原料 莴笋选择无破损、无腐烂的原料 乌贼选择新鲜、无异味的原料	10	10
技法运用	熟练掌握直刀法锯切和推拉切的刀法，行刀精准，刀口平整，边角料处理得当	30	15
	基本掌握三拼的拼摆方法		15
成形	造型饱满，排码均匀；成形符合规格要求	40	40
装盘组配	用料色泽搭配合理，色彩较分明，盘具洁净	20	20

[练习与思考]

一、课堂练习

填空题。

1. 莴笋又称莴苣，为_____莴苣种形成的有肉质嫩茎的变种，1～2年生草本植物。

2. 乌贼，又名乌鲗，也称_____、_____或墨鱼，是软体动物门头足纲乌贼目的动物。

3. 乌贼身体可区分为_____、_____、_____3个部分，躯干相当于内脏团，外被肌肉性套膜，具石灰质内壳。

4. 冷菜拼摆硬面是指_____，软面一般是指_____。

二、课后思考

三拼的拼摆关键点有哪些？

三、实践活动

以小组为单位，各自制作一款冷菜三拼，并互相讨论、评价。

四、思维拓展

三拼菜品欣赏。

卤味拼盘

虾、鱼、排骨三拼

蔬菜三拼

大丰收

任务 4　芭蕉叶

[任务布置]

　　了解冷菜厨房设备、工具的使用及立体工艺冷菜拼摆的流程、安全生产规则，学习冷菜厨房岗位的开档和收档技能。学习和初步掌握立体工艺冷拼的品种，并能运用小刀拉切的刀工技法和立体拼摆手法，独立完成芭蕉叶的成品。要求菜品造型美观、色彩分明、形态饱满，体现立体、逼真的特色。

[任务实施]

4.4.1　相关知识准备

　　各类植物的叶子是工艺冷拼实际运用的基本形式，也是常用的工艺冷菜拼摆样式。芭蕉叶因其特有的寓意和优美的形象，成为冷菜拼摆中的常见元素之一。芭蕉叶在植物的叶片中较大，象征意义是兴盛、茂盛。民间一般多种植在庭院，寓意"家大业（叶）大"。从古到今的年画中也有芭蕉叶，寓意也大同小异，代表"发达、家族像芭蕉叶一样茂盛兴旺"（图4.62—图4.64）。

图 4.62　芭蕉叶 1

图 4.63　芭蕉叶 2

图 4.64　芭蕉叶 3

4.4.2 工作过程

1）制作准备

（1）原料名称与用量

白萝卜 100 g、老南瓜 100 g。

（2）工具种类

雕刻主刀 1 把、V 形戳刀 1 把、砧板 1 块、不锈钢配菜盘 2 个、不锈钢马斗 2 个、餐盘 1 个、镊子 1 把、消毒毛巾 1 条、餐巾纸 1 包。

2）制作过程

（1）原料准备

①选一根优质牛腿南瓜（图 4.65）。

图 4.65　芭蕉叶原料

技术要点：牛腿南瓜外皮光洁圆润，皮色淡黄，有质感。

②按照选料要求切开后再次判断原料是否符合工艺要求。

技术要点：牛腿南瓜肉色多为黄色或橘红色，肉色鲜艳、光泽度好，肉质肥厚且硬度高。

（2）主题内容拼摆制作

①取白萝卜一块，先在切面上勾画出叶子底坯的形状（图 4.66）。

图 4.66　底坯

②主刀弧形垂直运刀，去掉侧面两边余料（图 4.67）。

图 4.67　去侧面两边余料

③主刀弧形平直运刀，去掉上边余料（图 4.68）。

图 4.68　去上边余料

④用 V 形戳刀配合主刀刻出中间的叶片深槽（图 4.69）。

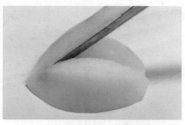

图 4.69　叶片深槽

⑤去掉叶片底侧边角余料（图 4.70）。

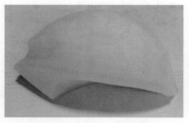

图 4.70　去底侧余料

⑥南瓜底坯泡盐水后用主刀平片，修成长水滴片，采用拉刀法切成薄片，注意修成的片长度要大于底坯（图 4.71）。

图 4.71　长水滴片底坯

⑦将薄片用手均匀地推出刀面，尖头向内，圆头向外，平铺在底坯的一侧（图 4.72）。

图 4.72　推出刀面

⑧分两次平铺将底坯一侧的盖面做好，注意接口要顺畅（图4.73）。

图 4.73　一侧盖面

⑨用同样的方法做好另一侧的盖面，注意片的尖头部位要叠加在一起（图4.74）。

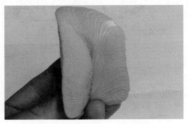

图 4.74　另一侧的盖面

⑩用青瓜皮切一根长丝，作为芭蕉叶的茎，放在中间，遮盖住连接处（图4.75、图4.76）。

图 4.75　芭蕉叶茎 1

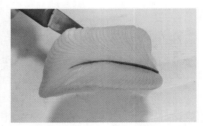

图 4.76　芭蕉叶茎 2

⑪摆上雕刻好的蝴蝶、茎、叶，稍做点缀即成（图4.77）。

图 4.77　芭蕉叶成品

（3）技巧

①底坯可以适当小一点，叶片盖面要长一点，以便折叠出弧度，更显自然。

②南瓜底坯泡盐水一定要控制好时间，不然很容易烂掉，没有质感。

🌹 4.4.3 总结评价

1）工作过程评价

任务名称	芭蕉叶	工作评价	
	准备阶段	处理完好	处理不当
工作过程	工作服穿戴整齐		
	检查安全及卫生状况，做好消毒工作，准备用具		
	领料，核验原料数量和质量，填写单据		
	根据冷菜拼摆要求备齐刀具		
	拼摆制作阶段	处理完好	处理不当
	冷菜拼摆制作与烹饪相关工作岗位的结合运用		
	按照拼摆的制作步骤、拼摆方法和操作要领完成芭蕉叶成品的制作		
	整理阶段	处理完好	处理不当
	能够对剩余原料进行妥善处理和保管		
	清理工作区域，清洁工具		
	关闭水、电、气、门、窗		

2）任务成果评价

项　目 （评分要素）	评价标准	配　分	得　分
选料	选择符合标准的原料	10	10
技法运用	熟练掌握小刀推切的刀法，行刀精准，刀口平整，边角料处理得当	30	15
	基本掌握芭蕉叶的拼摆方法		15
成形	造型饱满，推片均匀，成形符合规格要求	40	40
装盘组配	用料合理，层次分明，盘具洁净	20	20

[练习与思考]

一、课堂练习

1. 芭蕉叶因其特有的寓意和优美的形象成为冷菜拼摆中常见元素，芭蕉叶在植物的叶片中较大，象征意义是_____、_____。民间一般多种植在庭院，寓意_____。

2. 牛腿南瓜要求一般为：肉色多为黄色_____、鲜艳、光泽度好，肉质 _____且硬度高。

二、课后思考

小刀推切的关键点有哪些?

三、实践活动

以小组为单位,各自制作一款芭蕉叶拼摆,并互相讨论、评价。

四、思维拓展

树叶   荷叶

 ## 任务5 蝴 蝶

[任务布置]

了解冷菜厨房设备、工具的使用及立体工艺冷菜拼摆的流程、安全生产规则,学习冷菜厨房岗位的开档和收档技能。学习和初步掌握立体工艺冷拼的品种,并能运用小刀拉切的刀工技法和立体拼摆手法,独立完成蝴蝶的成品。要求菜品造型美观、色彩分明、形态饱满,体现立体、逼真的特色。

[任务实施]

4.5.1 相关知识准备

蝴蝶体长多为 5 ~ 10 cm,身体分为头部、胸部、腹部,两对翅,三对足,在头部有一对锤状的触角,触角端部加粗,翅宽大,停歇时翅竖立于背上。蝴蝶类昆虫触角为棒形,触角端部各节粗壮,成棒槌状。体和翅有扁平的鳞状毛。腹部瘦长。口器是下口式,足是步行足,翅是鳞翅(图 4.78—图 4.80)。

图 4.78 蝴蝶 1

图 4.79 蝴蝶 2

图 4.80 蝴蝶 3

🌹 4.5.2 工作过程

1）制作准备

（1）原料名称与用量

茭白 50 g、金瓜 50 g、心里美萝卜 50 g、青瓜 50 g、青萝卜 50 g、澄面 50 g。

（2）工具种类

雕刻主刀 1 把，砧板 1 块，餐盘 1 个，镊子 1 把，消毒毛巾 1 条、餐巾纸 1 包。

2）制作过程

（1）原料准备

心里美萝卜、青萝卜要选择外形光洁圆润，无开裂，表皮光滑，形状整齐，肉厚、不糠，无裂口和无病虫伤害的。茭白要选择外形类似于棒槌形的，外皮很白且比较光亮饱满，笋身比较直，笋皮摸起来顺溜嫩滑。

（2）主题内容拼摆制作

①用澄面团做出蝴蝶底坯，包括 3 个翅膀、1 个身体（图 4.81）。

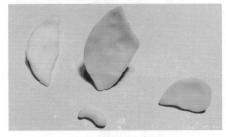

图 4.81 蝴蝶底坯

②将蝴蝶翅膀和身体组合到一起（图 4.82）。

图 4.82 底坯组合

③将心里美萝卜、青瓜、茭白修成长水滴状（图 4.83）。

图 4.83　长水滴状底坯

④将心里美萝卜、青瓜、茭白修成的长水滴状块用拉刀法改刀成薄片（图 4.84）。

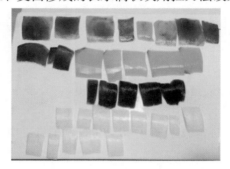

图 4.84　水滴状薄片

⑤将心里美萝卜薄片铺盖在蝴蝶翅膀底坯上（图 4.85）。

图 4.85　第一层盖面

⑥将青瓜薄片铺盖在心里美萝卜薄片上（图 4.86）。

图 4.86　第二层盖面

⑦将茭白薄片铺盖在青瓜薄片上（图 4.87）。

图 4.87　第三层盖面

⑧另一只蝴蝶翅膀盖面手法相同,将心里美萝卜薄片铺盖在蝴蝶翅膀底坯上(图 4.88)。

图 4.88　盖面

⑨将青瓜、茭白薄片依次铺盖在蝴蝶翅膀底坯上,完成另一个翅膀(图 4.89)。

图 4.89　完整盖面

⑩两个蝴蝶翅膀拼摆一起(图 4.90)。

图 4.90　翅膀组合

⑪将盖面好的蝴蝶翅膀拼摆一起，加上身体、触须、尾巴等，完成蝴蝶整体造型（图4.91）。

图 4.91　蝴蝶成品

（3）技巧

蝴蝶的拼摆要灵巧，并且体现出蝴蝶颜色的多彩，翅膀一高一低地摆放，会有飞翔的感觉。

4.5.3　总结评价

1）工作过程评价

任务名称	蝴　　蝶	工作评价	
	准备阶段	处理完好	处理不当
	工作服穿戴整齐		
	检查安全及卫生状况，做好消毒工作，准备用具		
	领料，核验原料数量和质量，填写单据		
	根据冷菜拼摆要求备齐刀具		
工作过程	**拼摆制作阶段**	处理完好	处理不当
	冷菜拼摆制作与烹饪相关工作岗位的结合运用		
	按照拼摆的制作步骤、拼摆方法和操作要领完成蝴蝶成品的制作		
	整理阶段	处理完好	处理不当
	能够对剩余原料进行妥善处理和保管		
	清理工作区域，清洁工具		
	关闭水、电、气、门、窗		

2）任务成果评价

项　目 （评分要素）	评价标准	配　分	得　分
选料	选择符合标准的原料	10	10
技法运用	熟练掌握拉刀法，行刀精准，刀口平整，边角料处理得当	30	15
	基本掌握蝴蝶的拼摆方法		15
成形	造型饱满，拉片均匀，成形符合规格要求	40	40
装盘组配	用料合理，层次分明，盘具洁净	20	20

[练习与思考]

一、课堂练习

1. 白萝卜、心里美萝卜、青萝卜要选择外形光洁_____、无开裂，表皮_____、形状整齐，肉_____、不糠，无裂口和无病虫伤害的。

2. 蝴蝶体长多为 5 ~ 10 cm，身体分为头部、胸部、腹部，_____对翅，_____对足。

二、课后思考

蝴蝶拼摆的技术难点有哪些？

三、实践活动

以小组为单位，各自制作一款蝴蝶拼摆，并互相讨论、评价。

四、思维拓展

金鱼

任务6　喜　鹊

[任务布置]

正解使用冷菜厨房设备、工具，掌握立体工艺冷菜拼摆的流程、安全生产规则，学习冷菜厨房岗位的开档和收档技能。学习和初步掌握立体工艺冷拼的鸟类品种，并能运用小刀拉切的刀工技法和立体拼摆手法，独立完成喜鹊的成品。要求造型美观、色彩分明、形态饱满，体现立体、逼真的特色。

[任务实施]

4.6.1 相关知识准备

喜鹊体长 40 ～ 50 cm，雌雄羽色相似，头、颈、背至尾均为黑色，后头及后颈稍沾紫色，背部稍沾蓝绿色；肩羽纯白色；腰灰色和白色相杂；双翅黑色而在翼肩有一大形白斑；尾远较翅长，呈楔形。嘴、腿、脚纯黑色，腹面以胸为界，前黑后白（图 4.92—图 4.94）。

图 4.92　喜鹊 1　　　　　　图 4.93　喜鹊 2　　　　　　图 4.94　喜鹊 3

4.6.2 工作过程

1）制作准备

（1）原料名称与用量

白萝卜 200 g、金瓜 100 g、胡萝卜 100 g、青萝卜 100 g、心里美萝卜 100 g、琼脂冻 100 g、澄面 400 g。

（2）工具种类

雕刻主刀 1 把，V 形戳刀 1 把，砧板 1 块，不锈钢马斗 1 个，餐盘 1 个，镊子 1 把，消毒毛巾条 1 条、餐巾纸 1 包。

2）制作过程

（1）原料准备

白萝卜、心里美萝卜、胡萝卜、青萝卜要选择外形光洁圆润，无开裂，表皮光滑，形状整齐，肉厚、不糠，无裂口和无病虫伤害的。金瓜要选择圆形，表面光滑，肉厚，黄色的。

（2）主题内容拼摆制作

①用澄面团做出喜鹊底胚、树叶底胚，用胡萝卜雕刻出鸟爪和鸟嘴，用青萝卜雕刻出尾巴（图 4.95）。

图 4.95　喜鹊底胚

②将心里美萝卜、金瓜、青萝卜、白萝卜根据需要修成两头尖或长水滴形的长片，用拉刀法改刀成薄片（图 4.96）。

图 4.96　水滴形长片

③用青萝卜长水滴片盖面做好树叶（图 4.97）。

图 4.97　树叶

④用白琼脂冻做好紫藤兰花（图 4.98）。

图 4.98　紫藤兰花

⑤用金瓜片铺出喜鹊背部和腹部的羽毛（图 4.99）。

图 4.99　羽毛

⑥翅膀选用长水滴状的青萝卜和心里美萝卜薄片盖面制作，注意色彩的搭配与刀面的整齐（图 4.100）。

图 4.100　薄片盖面

⑦做好翅膀后，开始用两头尖的金瓜片盖面（图 4.101）。

图 4.101　金瓜片盖面

⑧全部用两头尖的金瓜片盖面，直至盖住全部身体成形（图 4.102）。

图 4.102　喜鹊身形

⑨将喜鹊搭配紫藤兰花与树叶，摆放时注意喜鹊眼神的交流（图 4.103）。

图 4.103　喜鹊摆放

⑩用果酱画出树枝，将喜鹊"站"在树枝上（图 4.104）。

图 4.104　画出树枝

⑪搭配假山，完成整体作品（图 4.105）。

图 4.105　喜鹊成品

（3）技巧

　　盖面的片越薄越容易贴服，当有多只动物在一个作品中体现时，要表现出动物的互动，因为眼神的交流会使作品更传神。另外，还要布局好整个盘子的空间。

4.6.3　总结评价

1）工作过程评价

任务名称	喜　鹊	工作评价	
工作过程	**准备阶段**	处理完好	处理不当
	工作服穿戴整齐		
	检查安全及卫生状况，做好消毒工作，准备用具		
	领料，核验原料数量和质量，填写单据		
	根据冷菜拼摆要求备齐刀具		
	拼摆制作阶段	处理完好	处理不当
	冷菜拼摆制作与烹饪相关工作岗位的结合运用		
	按照拼摆的制作步骤、拼摆方法和操作要领完成喜鹊成品的制作		
	整理阶段	处理完好	处理不当
	能够对剩余原料进行妥善处理和保管		
	清理工作区域，清洁工具		
	关闭水、电、气、门、窗		

2）任务成果评价

项 目 （评分要素）	评价标准	配 分	得 分
选料	选择符合标准的原料	10	10
技法运用	熟练掌握拉刀法，行刀精准，刀口平整，边角料处理得当	30	15
	基本掌握喜鹊的拼摆方法		15
成形	造型饱满，拉片均匀，成形符合规格要求	40	40
装盘组配	用料合理，层次分明，盘具洁净	20	20

[练习与思考]

一、课堂练习

1. 金瓜要选择_____形，表面光滑，肉_____，_____色的。

2. 喜鹊的尾巴是_____形状。

二、课后思考

喜鹊拼摆的技术难点有哪些？

三、实践活动

以小组为单位，各自制作一款喜鹊拼摆，并互相讨论、评价。

四、思维拓展

鸳鸯

公鸡

附　录

各类冷菜调味汁制作

品种名称	原　料	操作方法	成品特点	适用品种
盐味汁	精盐、味精、香油	以精盐、味精、香油加适量鲜汤调和而成	白色，咸鲜味	适用于拌食鸡肉、虾肉、蔬菜、豆类等，如盐味鸡脯、盐味虾、盐味蚕豆、盐味莴笋等
酱油汁	酱油、味精、香油、白糖、鲜汤	以酱油、味精、白糖、鲜汤调和后淋上香油而成	红黑色，咸鲜味	用于拌食或蘸食肉类主料，如酱油鸡、酱油肉等
虾子酱	虾子、盐、味精、香油、绍酒、鲜汤	调料烧沸加蒸熟的虾子搅拌而成	白色，咸鲜味	用以拌食，荤素菜皆可，如虾子冬笋、虾子鸡片等
蟹油汁	熟蟹黄、盐、味精、姜末、绍酒、鲜汤	蟹黄先用植物油加姜末炒香后加调料烧沸，用网筛过滤而成	橘红色，咸鲜味	用以拌食荤料，如蟹油鱼片、蟹油鸡脯、蟹油鸭脯等
蚝油汁	大蒜泥、蚝油、盐、白糖、香油、鲜汤	大蒜泥用色拉油炒香加蚝油、盐、白糖，再加鲜汤烧沸后用网筛过滤而成	咖啡色，咸鲜味	用以拌食荤料，如蚝油鸡、蚝油肉片等
韭菜汁	腌韭菜花、味精、香油、精盐、鲜汤	腌韭菜花用刀剁成蓉，然后加调料、鲜汤调和而成	墨绿色，咸鲜味	拌食荤素菜肴皆宜，如韭味鱼干、韭味鸡丝、韭菜口条等
麻油汁	芝麻酱、精盐、味精、香油、蒜泥	将芝麻酱用香油调稀，加精盐、味精、蒜泥、香油调和均匀而成	褐色，咸香味	拌食荤素原料均可，如麻酱拌豆角、麻汁黄瓜、麻汁海参等
椒麻汁	生花椒（忌用熟花椒）、生葱、盐、香油、味精、鲜汤	将花椒、生葱同制成细蓉，加调料调和均匀而成	绿色，咸香味	拌食荤食，如椒麻鸡片、椒麻野鸡片、椒麻里脊片等
姜汁	生姜、盐、味精、橄榄油	生姜挤汁，与调料调和而成	白色，咸香味	拌食禽类和海鲜，如姜汁鸡块、姜汁鸡脯等
蒜泥汁	蒜泥、盐、味精、麻油、鲜汤	蒜泥加调料、鲜汤调和而成	白色	拌食荤素皆宜，如蒜泥白肉、蒜泥豆角等
酱醋汁	酱油、醋、白糖、香油、姜末	姜末加调料调和均匀而成	浅红色，咸酸味	用以拌菜或炝菜，荤素皆宜，如炝腰片、拌海蜇等
红油汁	红辣椒油、盐、味精、鲜汤	将红辣椒油、盐、味精、鲜汤调和均匀成汁	红色，咸辣味	用以拌食荤素原料，如红油鸡条、红油笋干等
醋姜汁	米醋、生姜、白糖	将生姜切成末或丝，加白糖、米醋调和而成	咖啡色，酸香味	适宜于拌食鱼虾，如姜末虾、姜末蟹等

参考文献

［1］韦昔奇．食品雕刻［M］.成都：四川科学技术出版社，2015.

［2］郝建琪，朱诚心．冷菜、冷拼与食品雕刻技艺［M］.大连：东北财经
大学出版社，2003.

［3］周妙林，夏庆荣．冷菜、冷拼与食品雕刻技艺［M］.2版.北京：高
等教育出版社，2009.

［4］张荣春．冷菜制作与食品雕刻［M］.北京：高等教育出版社，2004.

［5］江泉毅．食品雕刻［M］.2版.重庆：重庆大学出版社，2015.